U0259496

# 华夏行

## 华夏院 30 年作品集

HUAXIA TRAVEL
COLLECTION OF WORKS OF HUAXIA INSTITUTE FOR THE LAST 30 YEARS

吕成　王军　高朝君　编著

天津大学出版社
TIANJIN UNIVERSITY PRESS

图书在版编目（ＣＩＰ）数据

华夏行：华夏院30年作品集 / 吕成，王军，高朝君编著 . -- 天津：天津大学出版社 , 2024.2

ISBN 978-7-5618-7655-8

Ⅰ . ①华… Ⅱ . ①吕…②王…③高… Ⅲ . ①建筑设计－作品集－中国－现代 Ⅳ . ① TU206

中国国家版本馆 CIP 数据核字 (2024) 第 018611 号


图书策划： 金　磊　苗　淼
策划编辑：**韩振平工作室**　韩振平　朱玉红
责任编辑：刘　焱
装帧设计：朱有恒 刘仕悦


HUAXIA XING: HUAXIAYUAN 30 NIAN ZUOPIN JI


出版发行　天津大学出版社
地　　址　天津市卫津路 92 号天津大学内（邮编：300072）
电　　话　发行部：022–27403647
网　　址　www.tjupress.com.cn
印　　刷　北京华联印刷有限公司
经　　销　全国各地新华书店
开　　本　787 mm × 1092 mm 1/16
印　　张　23.5
字　　数　657 千
版　　次　2024 年 2 月第 1 版
印　　次　2024 年 2 月第 1 次
定　　价　268.00 元

華夏建築設計研究院
HUAXIA ARCHITECTURAL DESIGN INSTITUTE

《华夏行——华夏院 30 年作品集》编委会

学术顾问：　张锦秋

主　　编：　吕　成　王　军　高朝君
策　　划：　金　磊　吕　成
编　　委：　许佳轶　胡　楠　陈　雷　张小茹　王美子　石佳欣
　　　　　　高锟硕　胡　燕　李海霞　李　沉　苗　淼
编　　辑：　李　沉　朱有恒　苗　淼　董晨曦　金维忻　刘仕悦

# 序

/ 张锦秋

Preface

/Zhang Jinqiu

**华夏院首任所长（1993—1997 年）**

中国工程院院士
全国工程勘察设计大师
中国建筑西北设计研究院有限公司
顾问总建筑师

\* 华夏所成立于 1993 年 9 月，为中国建筑西北设计研究院有限公司下属的二级设计机构。机构于 2019 年改制为中国建筑西北设计研究院有限公司华夏建筑设计研究院

在中国建筑西北设计研究院有限公司华夏建筑设计研究院 \*（以下简称"华夏院"）成立 30 周年之际，华夏院将各个时期的建筑作品汇集成书，我感到十分欣慰，也感慨万千。"春华秋实，生如夏花"，这是华夏院 30 周年的宣传卷首语，我也想把这句话奉献给这本精美的作品集。

30 年前，在我国改革开放的发展形势下，建设部下达指示：建筑设计院可以为勘察设计大师组建工作班子，以更好发挥建筑大师的作用，创作更多精品，培养更多人才。中国建筑西北设计研究院华夏设计所应运而生。曾经与我一起做过工程的年轻人中一些志同道合者报名加入了这个团队。从建筑、结构、总图三个专业共约 11 人开始，我们打出了"华夏"这面大旗，为祖国的建设而设计，为中华优秀传统建筑文化传承、弘扬、创新而设计，为中国人民生活得更美好而设计。我们按照理解环境、保护环境、创造环境的创作三步骤，遵循和谐建筑理念，追求建筑与自然和谐、建筑与城市和谐、建筑与人和谐；主张和而不同、唱和相应；在现代化与传统的关系上，力求寻找现代化与传统的结合点；通过不断学习、不断实践，增强文化自信，要为中国建筑之树在世界建筑之林中常青而做出贡献。

呈现在读者面前的这本作品集，展现了这个团队 30 年来精心设计、勇于创新、不断探索的光辉历程，是一份对社会的报告，也是继续奋进的里程碑。"不忘初心，实干笃行"，华夏设计从"所"到"院"的进步，有赖于在建筑设计上的创造性继承、创新性发展。青年建筑师不断成长的"华夏"将以"浸透中华智慧、流溢现代审美、凝聚地方精神、点燃大众感情"的建筑作品，奉献给社会，在新时代做出新贡献。

张锦秋

# 目录

序 / 张锦秋　　　　　　　　　　　　　　5

致辞　　　　　　　　　　　　　　　　15

　二十八年云和月 / 赵元超　　　　　　16
　艰苦创业忆华夏 / 王树茂　　　　　　18
　设计现长安 / 熊中元　　　　　　　　20
　根固叶茂　独木成林 / 王军　　　　　21
　在华夏所历练成长 / 高朝君　　　　　22

华夏之路　　　　　　　　　　　　　　29

　华夏之路 / 吕成　　　　　　　　　　30

文化 教育建筑　　　　　　　　　　　51

　黄帝陵祭祀大殿（院）　　　　　　　52
　中华始祖堂　　　　　　　　　　　　58
　陕西历史博物馆及其更新　　　　　　62
　西安国家版本馆　　　　　　　　　　68
　延安革命纪念馆　　　　　　　　　　76
　中国大运河博物馆　　　　　　　　　83
　山海关中国长城博物馆　　　　　　　90
　大明宫丹凤门遗址博物馆　　　　　　94

陕西自然博物馆　　　　　　　　　　　　　　　　　　　　100
陕西历史博物馆秦汉馆　　　　　　　　　　　　　　　　104
陕西考古博物馆　　　　　　　　　　　　　　　　　　　108
西安博物院　　　　　　　　　　　　　　　　　　　　　112
开封市中意商务区开封市博物馆及规划展览馆　　　　　116
南阳三馆一院　　　　　　　　　　　　　　　　　　　　122
华清池唐代汤池遗址保护陈列工程　　　　　　　　　　130
辽上京博物馆　　　　　　　　　　　　　　　　　　　　134
须弥山博物院　　　　　　　　　　　　　　　　　　　　140
川陕革命根据地纪念馆　　　　　　　　　　　　　　　　144
青州博物馆　　　　　　　　　　　　　　　　　　　　　146
鄂尔多斯青铜器博物馆　　　　　　　　　　　　　　　　150
平凉博物馆　　　　　　　　　　　　　　　　　　　　　157
安康博物馆　　　　　　　　　　　　　　　　　　　　　163
鲁甸县龙头山镇抗震纪念馆及地震遗址公园　　　　　　169
陕西师范大学教育博物馆　　　　　　　　　　　　　　　174
宁夏引黄古灌区世界灌溉工程遗产展示中心　　　　　　180
陕西省图书馆、美术馆　　　　　　　　　　　　　　　　184
安康汉江大剧院　　　　　　　　　　　　　　　　　　　188
中国佛学院教育学院　　　　　　　　　　　　　　　　　194
孟苑　　　　　　　　　　　　　　　　　　　　　　　　200
南水北调精神教育基地　　　　　　　　　　　　　　　　207
四川大学江安校区艺术学院　　　　　　　　　　　　　212
西北工业大学材料科技大楼　　　　　　　　　　　　　214
杨凌国际会展中心　　　　　　　　　　　　　　　　　　218
西安国际展览中心　　　　　　　　　　　　　　　　　　220

# 目录

**商业 酒店 办公 居住建筑**　　　　　　　　　**225**

西安钟鼓楼广场及地下工程　　　　　　　226
大雁塔风景区 "三唐工程" 及其更新　　　232
西安国际会议中心·曲江宾馆　　　　　　238
西安市行政中心　　　　　　　　　　　244
宁夏回族自治区党委办公新区　　　　　251
石嘴山市政府办公楼　　　　　　　　254
西安大唐西市　　　　　　　　　　　256
西安绿地中心 A、B 座　　　　　　　261
西安宏府大厦　　　　　　　　　　　266
金石国际大厦　　　　　　　　　　　268
凯爱大厦　　　　　　　　　　　　　270
南阳卓筑置业有限公司——河南油田科研基地　　272
西安群贤庄小区　　　　　　　　　　276


**风景区 旅游景区建筑**　　　　　　　　　**281**

大唐芙蓉园　　　　　　　　　　　　282
曲江池遗址公园　　　　　　　　　　288
西安世界园艺博览会天人长安塔　　　292
华清宫文化广场　　　　　　　　　　298
大慈恩寺玄奘纪念院及大雁塔南广场　　304
西安渼陂湖水系生态区（一期）文化项目　　308

唐兴庆宫公园提升项目　　316

扶风法门寺工程　　320

龙门景区前区　　324

徐州园博会石山消防瞭望塔（吕梁阁）　　328

丹凤县棣花文化旅游区修建性详细规划　　334

延安市二道街环境整治规划设计　　338

阜阳颍州西湖景区一期建设项目　　342

# 建筑师茶座    **349**

华夏建筑设计研究院 30 周年建筑创作座谈会侧记　　350

# 附录    **367**

华夏院项目获奖统计　　368

# CONTENTS

Preface / Zhang Jinqiu   **5**

Introduction   **15**

A Course of 28 Years/Zhao Yuanchao   16
Hard Working of the Foundation of Huaxia Institute/Wang Shumao   18
Design in Chang'an/Xiong Zhongyuan   20
With Firm Root and Lush Leaves, Single Tree Forms a Forest/Wang Jun   21
Experience and Growth in Huaxia Institute /Gao Chaojun   22

The Road of Huaxia   **29**

The Road of Huaxia/Lyu Cheng   30

Cultural and Educational Architecture   **51**

The Huangdi Mausoleum(Courtyard)   52
Chinese Primogenitor Exhibition Center   58
Shaanxi History Museum and Its New Site   62
China National Archives of Publications and Culture Xi'an Branch   68
Yan'an Revolutionary Memorial Hall   76
China Grand Canal Museum   83
The Great Wall of China Museum, Shanhaiguan   90
Daming Palace Danfeng Gate Heritage Museum   94

Shaanxi Nature Museum                                                                100

Qinhan Pavilion of Shaanxi History Museum                                            104

Shaanxi Archaeological Museum                                                        108

Xi'an Museum                                                                         112

Kaifeng Museum and Planning Exhibition Hall in the Zhongyi
Business District                                                                    116

Nanyang "Three Museums & One Academy" Project                                        122

The Conservation & Display Project of Huaqing Pool (Tang Dynasty
Tangchi Site)                                                                        130

Museum of Upper Capital of Liao                                                      134

Xumishan Museum                                                                      140

Memorial Hall of Sichuan-Shaanxi Revolutionary Base                                  144

Qingzhou Museum                                                                      146

Ordos Bronze Ware Museum and Archives                                                150

Pingliang Museum                                                                     157

Ankang Museum                                                                        163

Earthquake Memorial Hall and Earthquake Site Park, Longtoushan
Town, Ludian County                                                                  169

Shaanxi Normal University Museum of Education                                        174

World Irrigation Works Heritage Exhibition Center, Ningxia Ancient
Area of Irrigation by Diverting Water from the Yellow River                          180

Shaanxi Library, Shaanxi Province Art Museum                                         184

Ankang Hanjiang Grand Theater                                                        188

The School of Education of the Buddhist Academy of China                             194

Meng Garden                                                                          200

South-to-North Water Diversion Spiritual Education Base                              207

# CONTENTS

College of Arts, Sichuan University (Jiang'an Campus)    212

Materials Science & Technology Building, Northwestern Polytechnical
University    214

Yangling International Convention & Exhibition Center    218

Xi'an International Exhibition Center    220

## Commercial Hotels, Office and Residential Buildings    225

Xi'an Bell & Drum Tower Square and underground works    226

Dayan Pagoda Scenic Area "Santang" Project and its Renovation Work    232

Xi'an International Convention Center Qujiang Hotel    238

Xi'an Administrative Center    244

New Office Area of the CPC Ningxia Hui Autonomous Region Committee    251

Shizuishan Municipal Government Office Building    254

Tang West Market, Xi'an    256

Block A and Block B of Xi'an Greenland Center    261

Xi'an Hongfu Building    266

Jinshi International Building    268

Kaiai Building    270

Nanyang Zhuozhu Property Co., Ltd. — Henan Oilfield Scientific Research Center    272

Xi'an Qunxianzhuang Community    276

## Architecture of Scenic Spots and Tourist Attractions    281

Tang Paradise    282

Qujiang Pool Relic Park                                                           288

Expo 2011 Xi' an Tianren Chang' an Tower                                          292

Huaqing Palace Cultural Plaza                                                     298

Ci' en Temple, Xuan Zang Memorial and the South Square of the Dayan Pagoda       304

Xi' an Meibei Lake Water System Ecological Area (Phase 1) Cultural Project       308

Tang Xingqing Palace Park Comprehensive Project                                  316

Fufeng County Famen Temple Project                                               320

The Front Area of Longmen Area                                                   324

Shishan Fire Control Lookout Tower (Lyuliang Pavilion) for Xuzhou
International Garden Expo                                                         328

Detailed Construction Plan on the Dihua Cultural Tourism Area of Danfeng County  334

Environmental Renovation Planning and Design of the Erdao Street of Yan' an City 338

West Lake Scenic Area (Phase 1) Construction Project, Yingzhou District,
Fuyang City                                                                      342

## Teahouse                                                                      349

Sidelights of the 30th Anniversary Symposium of Huaxia Architectural
Design and Research Institute on Architectural Creation                          350

## Appendix                                                                      367

Awards for Projects of Huaxia Architectural Design and Research Institute        368

致辞 Introduction

# 二十八年云和月　A Course of 28 Years

/ 赵元超　　　　/Zhao Yuanchao

除了自己的生日，一个人能准确记住的日子并不多。然而 28 年前，1995 年 1 月 15 日进入华夏的日子至今记忆犹新。

我 1981 年进入大学，1988 年来到西北院，正值国家治理整顿时期，工作比较轻松，工作之余我尚能和木匠一起做家具，到学校带学生，1991 年就从延安老区到了特区海南，之后又到了上海工作了一年，尽管很辛苦，但在上海和海南设计的房子一个也没盖起来，32 岁之前还只是纸上谈兵。

真正让我走上职业建筑师道路的是在华夏，1995 年，接连设计了陕西省图书馆、金花中心、陕西省妇女儿童活动中心，我就像上了一个快车道一路狂奔到现在。

我在华夏历任所副总建筑师、所总建筑师、副所长、所长。虽然我于 1999 年开始担任西北院总建筑师，但我建筑创作的基地是华夏。回顾建筑人生，我的职业建筑师的起点仍在华夏。在华夏，我完成了从纸上建筑师到职业建筑师的蜕变。也是在 1995 年，

我九门考试一次性通过，成为注册建筑师，这更坚定了我的职业建筑师的信心。

在华夏的日子里，我担任过不同角色：主创建筑师、项目负责人、所长、工地代表（有点儿像现在的项目经理）。正是不同岗位的历练让我成长为成熟的建筑师。我记得，当时每个星期都要到钟鼓楼广场工地协调施工中的问题。当所长期间还有一项重要的工作就是签合同、收费和分配，记得年终为一笔收费我一直在大雪纷飞的工地等甲方等了 13 个小时。当时，我身兼行政、总建筑师、项目负责人、项目经理，充当着全角色、全方位的防火救援队救火者。陕西省委、宁夏党委项目几乎是同时设计，一仆二主，不断在西安和银川往返。西安行政中心的规划和设计，也是在艰难的博弈中花落华夏。这些经历使我慢慢地成长，使我更具韧性，更平和，学会从不同角度思考问题。

担任了院总建筑师，我仍以华夏为基地进行创作，其中陕西省自然博物馆、金石大厦、宁夏党委、陕西省

华夏院第二任所长（1997—1999 年）

全国工程勘察设计大师
中国建筑西北设计研究院有限公司
首席总建筑师

委、西安行政中心、陕西电大主楼、杨凌国际会展中心、西安国际会展中心、西北大学博物馆、西安行政中心、须弥山博物馆、石嘴山行政中心、世家星城等项目都是在这一时期完成的建筑作品。

在华夏，有我最充实而忙碌的青春记忆。华夏是一个年轻建筑师走向成熟建筑师的摇篮，也是我从单纯设计走向学术研究的平台。记得在担任华夏所长期间我参加徐州图书馆的青年建筑师竞赛，张总推荐我参加全国建筑创作理论学组的活动，结识了一批我所敬仰的建筑界前辈，我也有幸成为这一学术组织的副主任，这使我能在更高的层级去看西安的城市建设，跳出秦岭，俯瞰大地。

从上海回到华夏我像一粒沙子、一滴水回到大地回到大海。华夏是我成长的摇篮，是我事业的起点和转折点。我常常想，如果我在1995年没有到华夏，会是怎样的建筑人生。人生的关键几步不多，我正是在华夏这个大平台、大熔炉中才百炼成钢，感谢我遇到了好的时代，感激张总，感谢华夏这个高平台，感恩与我一起奋斗的同事！

我40岁的生日是在华夏度过的，50岁时张大师专门为我过了一个生日，令我至今感激不尽，这鞭策着我奋发图强。我也在2016年顺利获评全国设计大师。如今我已整整60岁，到了耳顺之年，告别了所有的行政工作，但我仍怀念32岁开始在华夏的工作经历，正如保尔·柯察金所说："当他回首往事的时候，不因碌碌无为而羞愧、不因虚度年华而悔恨……"

2023年7月

# 艰苦创业忆华夏

Hard Working of the Foundation of Huaxia Institute

/ 王树茂

/Wang Shumao

今年是华夏建筑设计研究所成立30周年，回想起30年前的艰难岁月，感触良多，思绪万千。

20世纪90年代初，改革的春风吹遍了祖国的大江南北，摸着石头过河，"让一部分人先富起来，先富带动后富"，经济的双轨制，让中国的经济市场充分地活跃起来了。建筑设计作为城市建设的领头羊，自然而然成为这个时代的弄潮儿。1990年，中国产生了第一批勘察设计大师，经国家同意，作为经济特区的深圳出台了大师可以成立私人建筑设计事务所的政策，有的建筑设计大师迅速在深圳挂牌成立了私人设计事务所，并很快取得了良好的经济效益和社会效益，一时间在全国引起极大的反响。

那时候，大家的收入都是非常少的，我记得那时候我的月工资好像才90多不到100块钱，年终的奖金也就1000块钱左右，张总那时候的月工资可能也就是100多一点，年终能拿到将近2000块钱的奖金。记得1992年底，我们到中东出差，去设计阿联酋中国民航总部，因为业务的需要，其间还要去约旦，需要在北京添置厚一点儿的衣服，我跟张总就去王府井百货大楼购买，当时张总看上了一件白色的皮大衣，非常漂亮，4200块钱，当时张总只带了3000块钱，我说我还有点儿钱可以凑够，张总说："算了，太贵了，囊中羞涩啊，选第二方案吧。"结果就买了一件2700块钱的紫色皮衣。当时，设计院的很多同事都是通过业余设计（炒更）增加收入，张总作为建筑设计大师，是不可能通过炒更来增加自己的收入的。张总曾经多次跟我在一起讨论看怎样能够通过合法的方式成立一个机构，更大地实现自身的价值，但一直没有结果。经济发展的不均衡，人们收入的不对等，促使各行各业出现了孔雀东南飞的现象。很多内地的人才纷纷落户深圳、珠海、广州等经济发达地区去发展，实现自我价值。

**华夏院第三任所长（1999—2002年）**

西安美术学院党委副书记、教授
陕西科技大学原纪委书记、教授
咸阳市人民政府原市长助理、政府秘书长
西安市规划院原常务副院长、总规划师、
总建筑师
西安市规划局原副总规划师、建审处处长
中国建筑西北设计研究院有限公司
原院长助理、上海分院院长

1993 年的一天，张总从北京开会回来兴冲冲地跟我说："树茂，好消息来了，叶如棠部长说可以在国有大设计院中给勘察设计大师成立工作班子，实现留住人才、培养人才、均衡发展国家经济的目的。"张总将成立工作班子的计划汇报给院领导后获得了院领导的同意，当时主要的院领导徐乾义、戚嘉鹤、花恒久、张庆文以及技术老总黄克武、郑贤荣、孙国栋、陈怀德、陆耀庆、施沪生等都给予了极大的支持。张总经过深思熟虑，给工作班子取名"华夏建筑设计研究所"，从一开始就预示着华夏所将不凡于世。院里给华夏所提出了出精品、出效益、出人才的"三出"要求，华夏所也提出了不搞业余设计、不私自收取加班费、夫妻不在所内共事的"约法三章"。主要设计人员从第二设计所产生（张总曾经在第二设计所工作，任主任建筑师，设计的班底在二所）。华夏所成立时的阵容是：张锦秋任所长、总建筑师，王树茂任副所长，方春霆（当时已退休）任结构总工程师，姜恩凯任副总建筑师，管楚清任结构副总工程师，设计人员有杜韵、高朝君、刘西兰、李浩、余红、朱炜，加上退休人员共 11 人。9 月 1 日为华夏所成立日。

　　30 年过去了，今天，华夏所硕果累累，人才济济，实现了预期目标，取得了良好的经济效益、社会效益、环境效益，为西北院的发展增了光、添了彩，让我们预祝华夏所的明天更加美好。

　　　　　　　　　2023 年 7 月 19 日于西安

# 设计现长安

Design in Chang'an

/ 熊中元

/Xiong Zhongyuan

**华夏院第四任所长（2002—2003 年）**

中国建筑西北设计研究院有限公司
原党委书记、董事长

华夏出鳌首，
卅年奋进，匠心锦绣，
传承中华文化，
千秋以降又盛世振隆；

设计现长安，
独树一帜，唱和相应，
创作建筑经典，
万里寰宇再无问西东。

# 根固叶茂
# 独木成林

/ 王军

With Firm Root and Lush Leaves,
Single Tree Forms a Forest

/Wang Jun

1991 年 7 月，走出校园，从此在社会上漂荡了 4 年。光怪陆离的社会，让人漂荡得心里发慌。1995 年 8 月，被张院士召到华夏。

到了华夏，发现这里是理想一致、互帮互助的家庭，是再学习的课堂，是坚守创作理念的阵地，是培养人才的学校。

8 年时间，耳濡目染、言传身教。期间，参与了张院士主持的多个项目：钟鼓楼广场、陕西省美术馆、曲江国际会展中心等。自己也有机会独立完成了省政协办公楼、宏府大厦、长安航空基地等项目。对张院士"从传统走向未来"设计思想有了初步的认识。

2002 年，偶然机遇，主要精力转向管理。10 年间在华夏所打造了传统建筑、现代建筑和规划景观三驾马车齐驱；在市场经济大潮下，拓展并巩固了西安市场，逐步拓展省外项目。培养、提高了自己的管理水平和综合素养。期间与张院士共同主持了"大唐芙蓉园""曲江池遗址公园""延安革命纪念馆""大唐西市"等项目。对建筑空间、建筑风貌与周边环境的协调统一，有了深刻的理解。同时为院里培育输送了 6 个机构的负责人和骨干力量（都市中心、规划所、装饰所、机电四所、西岳创作室、BIM 中心）。

2012 年，到院里工作任副院长、2016 年任总经理、2022 年任董事长。个人经历了多元历练，认识水平和工作能力逐步提升。在 2016 年开启的一系列深化改革举措中，华夏院都勇立潮头、敢为人先。"十四五"明确了"12366"战略路径，华夏院为西北院稳增长、谋创新，大力开拓外埠区域总部，实现高质量发展，输出了大量人才，做出了杰出贡献！"华夏"已成为西北院在中建集团的独享品牌！

时值华夏成立 30 周年之际，追思过往、有感而记。

**华夏院第五任所长（2003—2013 年）**

中国建筑西北设计研究院有限公司
党委书记、董事长

2023 年 8 月 1 日

# 在华夏所
# 历练成长

/ 高朝君

/Gao Chaojun

Experience and Growth in Huaxia Institute

华夏所是 1993 年 9 月成立的中国建筑西北设计研究院下属的二级设计机构。1989 年 7 月，我从武汉城建学院风景园林专业毕业分配到中建西北院第二设计所，1993 年到张锦秋先生新成立的华夏所工作至今。华夏所今年成立 30 周年，回首发现当初成立时的 11 位"元老"就剩我一个还在华夏所在职工作，进而思绪万千，忆拾几件"第一次"往事，以作 30 周年纪念。

## 名字第一次出现在建筑史书中

1989 年到西北院工作的第一个项目就是在张总指导下做陕西历史博物馆的园林绿化设计。第一次实战又是重点工程，心里有点儿发毛，张总带我下工地熟悉场地环境和感受空间尺度，叮嘱我多了解当地植被。当时陕西历史博物馆正处于主体建筑室内外装修后期阶段，场面最亮的是惠安女瘦小的身躯抬着条石在工地穿梭的身影。因要赶次年春季种植期，设计周期比较短，通过考察西安植物园、兴庆公园等对当地植被有了初步了解，开始做方案给张总一轮轮汇报，记得 1989 年底某晚，银装素裹，当

时张总在现在的交大二附院干部病房住院体检，我抱着一卷硫酸图在医院病房会客室向张总汇报方案，室外大雪纷飞，室内暖意融融。在张总的指导和鼓励下，最终完成了陕西历史博物馆的园林景观设计。在 1996 年陕西历史博物馆载入《弗莱彻建筑史》一书时，在园林景观设计人一栏，张总写了我的名字，这对我是莫大的奖励。

## 第一次现场设计和驻场服务

1990 年，张总接到组织实施唐华清宫汤殿遗址保护工程设计的紧急任务，需配合施工现场驻场设计。张总带队进住华清宫九龙池西南角的园林式小宾馆里，大家昼夜吃、住、工作都在这个院子里，工作效率奇高，工作之余插科打诨般的聊天又带来轻松之感，从小过集体生活的我很习惯和享受这样的工作环境。分配给我的工作是画些踏步石料、简单的斗拱，第一次画，当时还是用针管笔，要求不仅要画对还要图面排图美观，困难很大，让人头疼得要死。现场设计的近一个月时间里，不管是听前辈技术讨论时的"讨价还价"，还是现场服

华夏院第六任所长（2014 年至今）

中国建筑西北设计研究院有限公司
副总建筑师
华夏设计研究院院长、总建筑师

务时的"指指点点",都能让我获益匪浅。设计团队撤离后,所副总建筑师姜恩凯带我留下继续现场服务,这时现场配合工作量已不是很大,华清池管理处给我们免费泡温泉的待遇终于有时间享受了,晚上有时一个人去龙石舫的仿玄宗皇帝御汤的"九龙汤"泡温泉,自己放水自己泡,偌大的池子经常是"寡人"一个。工程终于在北京亚运会开幕前夕如期胜利竣工,当时的华清池管理处为了感谢参与工程的相关人员,给大家发了参观华清池的免票证,珍藏至今不知现在尚能用否。

### 华夏所成立第一年的年终总结会

华夏所成立的第一年,任务相对较重,除了大雁塔慈恩寺玄奘纪念院的施工图,还有北大街改造及城市设计等大量方案要做,人手已显不足,所以人员也在不断补充,到了1995年底华夏所人员已达 21 人(图2)。那时候经济不宽裕,买了些许水果、瓜子,找了个会议室认认真真地开了华夏所第一个年终总结会。虽会场布置和衣着略显寒酸,但会开得有声有色,大家笑脸盈盈,对未来充满自信,自此开好年终总结会成了华夏所的一项传统活动。

### 我用的第一部手机

20 世纪 90 年代初,西安的移动通信刚刚起步,传呼机、手机不是一般老百姓能用得起的,一部手机办完手续据说要一万多元,还不算电话费,那时候我的月工资为一百元左右。所以有传呼机、手机的人都显摆,整个皮套挂在皮带显眼的地方。1995 年搞钟鼓楼广场设计,西安市重点工程,工地施工三班倒抢工期,我是第一次当建筑专业负责人并作为设计代表按指挥部要求进驻现场。因年轻,现场

1　参观华清池的免票证
2　1995 年华夏所工作总结会合影

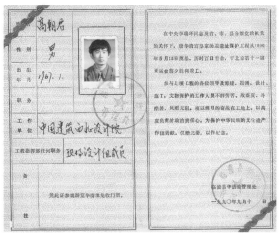

3

处理问题经验还很不足，很多问题需经常向张总请示汇报才能答复。为提高沟通效率节省时间，当时的副所长王树茂很有魄力，为此购置了两部手机，其中一部摩托罗拉模拟机配到钟鼓楼项目给我使用，拿到手机，我幸福感爆棚，工作特积极，经常是半夜在工地给张总家里打电话请示问题，把张总折腾得够呛。用手机"假公济私"了一次，当时 1997 年元月下旬我爱人已到预产期入住市妇幼医院待产，但工地又到了最紧张的时候离不开，我只好把手机留下挂到我爱人的

脖子上，让她有情况就呼我。因医院和工地还算比较近，所以骑自行车往返不误事。当时腰上别着两块"砖头"，骑着辆破自行车在街上飞奔感到很风光。项目竣工后，我将手机依依不舍地交回了所里。

## 第一次学会电脑 CAD 制图

1995 年至 1997 年间，我参与的钟鼓楼广场、西安财政干部培训中心、临潼骊山长生殿景区规划都在交叉着设计，制图手段也处于由趴图版手绘

3　中国建筑西北设计研究院有限公司华夏设计所 2017 年度工作总结会领导与全体职工合影留念
4　张锦秋院士积极参与刚出现的电脑绘图技术
5　朝元阁博物馆规划方案

朝元阁博物馆规划方案

中国建筑西北设计研究院华夏所

向电脑 CAD 绘图的过渡阶段，即使286 电脑的蜗牛速度也没降低我们学习的激情，针管式出图打印机离不开人在旁边伺候，打图效率比手绘高不了多少。电脑不是人手一台，打图还要到电算站排队预约，当时也没有培训，全靠自己买书自学，向电算站的老师勤学勤问。张总也对电脑制作效果图着了迷，记得临潼骊山长生殿景区项目是新加坡拟投资，1995 年李光耀总理要来奠基，需要一张景区内朝元阁博物馆的效果图做背景。因是古建，效果图公司不会建模，王树茂熬了两天硬是用 CAD 把模型建了起来，然后把贴好材质的模型交给效果图公司进行后期制作，从建模到后期制作，张总全程参与，兴趣盎然（图4），最终圆满完成任务。从电脑绘制长生殿效果图（图 5），经过钟鼓楼广场项目施工图 CAD 与手绘相结合，到西安财政干部培训中心施工图全部 CAD 制作，华夏所用较短时间完成从手绘到 CAD 制图的转换。作为编制人员之一，西安财政干部培训中心初步设计和施工图作为模范样本分别编入《建筑工程方案及初步设计经典范例》及《建筑工程施工图范例》，由中国建筑工业出版社出版发行。

## 第一次要钱

因为我一直从事设计工作，对签合同、要设计费没关注，更没一点儿经验。在西安财政干部培训中心设计时，张总是项目负责人，我是项目副负责人，和业主较熟悉。1997 年，时任华夏所第二任所长的赵元超让我约筹建处主任马中良吃饭，年底想要点设计费。记得在南郊电视塔北路东侧的一个寒酸狭窄的小餐馆里，请马主任一起吃了个便饭，饭桌上两个"秀才"摸不着门道，好像对钱的事情总难于启齿，反正那次不知道设计费要没要到，只知道不胜酒力的我早早就倒下了，有时每每赵总说起此事也是感慨万千。

## 第一次大量看到张总唐风建筑秘籍"建筑构件尺寸表"

2001年，参与设计大唐芙蓉园时，里面唐风建筑的类型较多，针对每种类型，张总都会给具体负责画施工图的设计团队人员（图6）一份"建筑构件尺寸表"。按照这份尺寸表去画施工图，就能保证建好的房子比例尺度不会走样，看起来很舒服、很美。我认为这份尺寸表是决定着唐风建筑设计是否成功的核心，也是张总投入巨大心血和精力的研究成果，称得上是张总的秘籍。在设计过程当中，张总也会结合工作实际给我们讲解"建前构件尺寸表"相互之间的一些模数关系，而且尺寸数字可以根据建筑性质的不同灵活调整，不是一成不变的。看似简单的"构件尺寸表"，实际运用中令人感觉博大精深，没有对中国

传统文化掌握的深厚功底，是驾驭不了对这些尺寸数字的加加减减的。虽然我把每个人手上的"建前构件尺寸表"复印当宝贝一样收集保存起来，但表中的数字怎么定出来的，相互之间有怎样的模数关系，对我来说还是谜一样的存在，需要不断研究学习。

## 首次走进人民大会堂

2001年，我参与整修黄帝陵祭祀大殿（院）工程，该工程为时任全国政协主席李瑞环同志特别关注的国家重点工程，由张总主持设计。全国政协教科卫体委员会组织了以周干峙、吴良镛两位先生领衔的国家顶级专家团队对设计方案进行了多轮评审和指导（图7），并于2002年10月28日在北京人民大会堂召开的"黄帝陵基金会成立十周年暨整修黄帝陵

6  大唐芙蓉园设计团队
7  周干峙院士（左）、张锦秋院士（中）与吴良镛院士（右）参与方案讨论
8  黄帝陵整修工作会议合影

工作座谈会"上由张总向李瑞环同志及与会领导和专家做了方案介绍，我负责幻灯片（PPT）文本的播放。会议的前一天，设计和会务人员到人民大会堂布置会场，这是我第一次进人民大会堂，以往只有在电视上经常看到这里的政治、外交等活动场景，人民大会堂在我心目中一直是个神圣的场所。这次亲历现场特别激动，休息之余，大家纷纷拍照留念（图8）。

在华夏所工作的30年，是我人生中最重要的30年。2013年4月，我以副所长岗位主持华夏所工作，从技术岗位转向经营管理岗进行历练，2014年7月成为华夏所第6任所长，同时也是中建西北院副总建筑师、华夏所总建筑师。优秀的华夏所平台给我提供了多方面历练的机会，由此我获得了诸多荣誉和奖项，如2008年获第七届陕西青年科技奖，2012年获中国建筑学会第九届青年建筑师奖，2022年"获中国建筑集团有限公司2020—2021年度中国建筑劳动模范"荣誉称号。

借此、特别感谢张总对我一直的关心和培养，感谢各位前辈对我的支持和关怀。2019年，根据中建西北院对二级生产机构的整合调整，华夏所更名为华夏建筑设计研究院。30年春秋风华正茂，30年耕耘硕果累累，祝华夏院赓续接力，奋力拼搏出更加美好的未来。

2023年8月3日于西安

# 华夏之路

# 华夏之路

/ 吕成

/Lyu Cheng

中建西北院华夏院由张锦秋院士于 1993 年创立于西安，恰逢我国城市建设逐渐步入高潮。经过 30 年的发展，城市基础设施与公共服务设施建设日益完善，人民生活幸福指数不断提升，城市为人民提供的物质空间及精神享受不断丰富。城市与建筑高效发展，取得了巨大的成就，极大地提升了当代中国人民的生产效率和生活水平。改革开放创造了中国城市奇迹，中国城镇化是人类历史上最快的城镇化，使建筑师获得了空前的创作机会，现代、后现代、解构等多元建筑思潮大量涌入中国。但快速的城市化建设借鉴更多的是各式符号拼贴，建筑理论与创作实践严重脱节，虽然建设数量和规模空前，但是原有的城市文脉与肌理遭到破坏，千城一面的问题突出，生态破坏、资源短缺、环境污染、城市与乡村发展不均衡等问题也随之而来，城市与自然环境、城市特征与风貌、城市与人民精神文化需求等矛盾日益突出，城市、建筑与自然的关系引发更多人的思考和关注。

## 华夏院的创作精神

中国城市建设所面临的危机，实际上是建筑文化的缺失。而华夏院在张锦秋院士的引领下，一直坚持对中华优秀传统建筑智慧的继承与创新，不断地创作彰显城市、地域特色的时代精品，30 年来创作的上百个作品遍布中华大地，形成了独有的创作精神。

### 1. 坚守

《北京宪章》写道："……建筑师必须将社会整体作为最高的业主，承担起义不容辞的社会责任……文化是历史的沉淀，它存留于建筑间，融汇在生活里，对城市的营造和市民行为具有潜移默化的影响，是建筑和城市的灵魂。"在我们几千年的历史长河之中拥有丰富的、历史的、传统的和地域的文化建筑作为物质载体，既传播着其文化含义，也以集体记忆或集体情感的方式存在于我们的文化脉络之中，并且形成了独特的建筑空间哲学观。坚守这些优秀的传统文化价值，并由此形成的文化自觉已经是华夏院创作精神中一种自然而然的态度。

### 2. 探索

建筑是时代的产物，随着社会组

**华夏建筑设计研究院总建筑师**

中建集团中国建筑大师（勘察设计）
中国建筑西北设计研究院有限公司
副总建筑师

织模式、空间功能需求和审美观发生巨大的变化。建筑的材料与构造形式、建筑技术及施工技艺也在日新月异地发展，建筑规模越来越大，楼越盖越高，其涵盖的功能空间和技术要求也越来越复杂，功能要求越来越趋向复合化，绿色建筑技术深入应用逐渐降低了建筑的能耗和碳排放，电子技术、通信技术、自动化技术、互联网技术的发展促进了智慧建筑的转变升级，为智慧建筑的实现和发展提供了技术支撑。建筑的自身生态生活系统越发独立和完善，为使用者提供智慧化的服务，促进人、建筑与环境三者的协调发展。华夏院坚持与时俱进、持续探索的创作精神，坚持以人为本的原则，让建筑回归理性，以用为先，充分利用不断发展的建筑技术，创造符合当代要求的建筑文化。

## 3. 实践

华夏院一直坚持以实践探索，用作品发声，面对不同的自然气象条件、历史文化、民族传统、功能需求、投资控制、人的生活习惯及审美观念，城市空间的要求，坚持自身秉持的文化精神，坚持因地制宜的原则，主动回应地域的气候特征，关注地域的文化特征和人的生活方式、在城市与自然中表现出和谐谦逊的态度，进而促进人与人、人与城市、人与自然的和谐。

## 华夏院的文化精神

30 年来，由华夏院创作的百余个项目包括了从文化建筑、文旅建筑到住宅建筑等多种建筑类型，其作品分布于全国各地的具有不同文化传统、不同气候地域特征的区域，这些作品并不固守特定的风格或语言，都秉持着张锦秋院士倡导的"尊重自然、融入城市、以人为本"的创作理念，坚持对中华优秀传统建筑智慧进行传承，并在动态发展的时代语境下塑造符合当代要求的建筑文化精神，我们尝试将其总结为"和谐建筑理念"。

## 1. 当代"和谐建筑理念"的文化溯源

当代"和谐建筑"理念强调建筑与自然和谐，建筑与城市和谐，建筑自身之间和谐，建筑促进人与人和谐。"和谐建筑"建筑理念根系于中国传统的"和谐思想"。中国传统"和谐思想"广泛存在于中国文化中的价值观和哲学思想，是中国传统文化的核心思想之一。习近平总书记在 2023 年 6 月 2 日文化传承发展座谈会上发表重要讲话，指出"如果不从源远流长的历史延续性来认识中国，就不可能理解古代中国，也不可能理解现代中国，更不可能理解未来中国"。习近平总书记在讲话中全面深入地刻画了中华文明的重要元素，并强调指出，这些元素共同塑造了中华文明的突出特征，即连续性、创新性、统一性、包容性、和平性。和谐思想作为优秀的中国传统思想同样具有这些特征。

"致中和，天地位焉，万物育焉"，在中国"和谐"被视为一种理想状态，追求事物整体的浑然一体。中国传统哲学强调"本根"与"事物"的统一关系，认为"事物"由"本根"而生，而"本根"亦在事物中，即"道不能无物而自道，物不能无道而自物"，中国传统城市与建筑的多样性与趋同性也正是"本根"与"事物"的集中反映，也是对"理一分殊"和谐思想的体现，中国疆域广大，各地区气候、地理、民俗不尽相同，这种外因导致了传统城市与建筑类型多元多样，在多元多样的差异背后则充分体现了和谐思想文化的趋同性，这种文化趋同的显现是中国传统城市都具有有机更新的内在动力。

中国传统城市在选址上趋全避缺、顺应自然与地形条件，在功能布置上顺应城市的生产需要，满足人们的生活方式，在形态格局上延续文化历史脉络。中国传统城市的发展逻辑缜密而有根可循，选址、功能、形态三者

相互关联、和谐一体，保证了城市的历史延续性，而且具有与生俱来有机更新的能力，一方面体现了中国传统城市的趋同性，另一方面又使每座城市的历史延续性以及特有文化得以传承的保证。

中国传统建筑在营造上具有因地制宜、趋利避害、就地取材的特征，一直在追求建筑自身与天地人的相互和谐，和谐的结果就是建筑营造可以朝着客观阻力最小的方向发展，其能耗、建造成本最小而建筑发挥出来的效益则较大，形成的土木砖石建造体系具有典型的绿色物理特性，是名副其实的"绿色建筑"。

"君子和而不同"，和谐在于协调并整合不同元素，以实现差异的共存。早在西周时期，先哲就区别了"和"与"同"的概念，形成了"和实生物，同则不继"的观点，这种观点强调事物的多样统一，认为只有多样的要素才能和，因为多样的要素中蕴藏统一性，这种统一性成了"和"的前提，进而有利于事物的持续发展，同时促进新事物的产生，这种观点认为万物运动、变化、流动的动力、根源在于其本身存在的阴阳二因素的相异、相反、相合、相克、相成、相生、相互转化的运动，认为宇宙及其万物虽然在结构和运动过程中发生着阴阳二因素的矛盾运动，阴阳相异为不同的个体，但在阴阳之上则是和同而化的太极统一性，整个宇宙乃至宇宙中的任何一个事物，皆应视为一个统一的整体。

中国传统城市和建筑强调建筑与自然山水和谐融合，强调建筑布局要

顺应城市肌理，强调建筑自身尊崇礼序，正是"趋全避缺，截成辅相，合形辅势"的规划设计观念形成了中国传统城市和建筑的整体性以及统一性，造就了中国传统城市和建筑的艺术高度，体现了中国传统城市和建筑的营建智慧。这种规划设计观念正与"和实生物，同则不继"的和谐哲学观点相一致，所以探究中国传统城市与建筑文化绕不开中国传统的"和谐思想"。

"和谐思想"体现了"天人合一"的世界观、阴阳融合的认识与方法，反映了重"礼"、尚"礼"的价值取向，这种世界观、认识方法以及价值观也直接影响了中国传统城市与建筑格局，形制与风貌特点。可见，"和谐建筑"其文化根系于"和谐思想"，两者一脉相承。

## 2. 当代"和谐建筑理念"的学术溯源

当代"和谐建筑"理念的源头可追溯到梁思成先生关于"传统与革新"的论述，梁先生从历史学家的角度阐述了什么是传统，从传统的形成和发展进而说明在建筑的发展中继承传统的必要性和必然性。梁先生还着重论述了传统与革新的关系，即是新与旧矛盾的统一，并反复强调这对矛盾主要一面是革新，革新的目的是古为今用，革新的批判和取舍的标准是人民性。

张锦秋先生继承梁先生的思想，在实践创作中提出了"和而不同，唱和相应"的"和谐建筑"理念，并对梁先生的思想进行时代性和创造性的

传承发展。张锦秋先生认为"古代文明和现代文明交相辉映，老城区与新城区各展风采，人文资源与生态资源相互依托"，应该走和谐共生的发展之路，判断一个城市的建筑是否先进和美观，要看其创造的物质环境和文化精神是否有利于增强民族文化认同感和归属感，是否有利于巩固和发展自身的社会凝聚力，而和谐建筑是实现这些的前提条件；"当代城市建设体现了科学主义思潮和人文主义思潮的融合。当代城市建筑艺术的最大特点就是综合美，这种美具有多元性和多层次性，因而其中最应关注的特性就是和谐。如何保证城市的和谐特征？这就有赖于和谐建筑。和谐建筑应该与城市和谐、与自然环境和谐，并进而促进人与人、人与城市、人与自然的和谐"。

张锦秋先生在《和谐建筑之探索》一文中谈及了和谐建筑理念的缘起与层次内涵，并在《求是》杂志发表《建筑与和谐》一文，文章中强调"和谐建筑"首先要体现在城市总体规划中的新老分区上，其次要体现在分区详细规划中的要素和谐上，再次要体现在对建筑的精心设计上，做到因地制宜、传承创新。并把建筑分类型对待，对现代建筑、有特定历史环境保护要求和有特殊文化要求的新建筑、复建古迹与重建历史名胜三类建筑提出了相应的创作原则和要求。

从梁先生的"传统与革新"到张锦秋先生的"和谐建筑"理念一脉相承。"和谐建筑"理念也积极地影响了华夏院 30 年的实践创作。依托当代

"和谐建筑"理念，华夏院规划设计了陕西省历史博物馆、三唐工程、黄帝陵祭祀大殿、大唐芙蓉园、国家版本馆等一系列老百姓喜闻乐见又具有国际影响力的优秀工程，这些优秀工程极大地促进了所在城市地区的社会经济发展，成为城市新的文化地标中国—中亚峰会的欢迎仪式在大唐芙蓉园举行，大唐芙蓉园恢宏、大气、磅礴的整体风貌让人流连忘返、梦回大唐，充分体现了建筑与自然、城市、建筑自身的和谐。大唐芙蓉园一方面展现了中国文化，另一方面也讲活了中国故事，体现了大国风范。可见，"和谐建筑"理念不仅是当代城市建筑规划设计的重要理念，更成为了实现传统建筑文化复兴，用城市建筑讲述中国故事与中国价值的重要思想指引。

从梁先生到张先生，从"传统与革新"到"和谐建筑理念"，这既是学术思想的继承与发展，也是中国传统的和谐文化的延续与体现。

## 3. 当代"和谐建筑理念"的内涵

和谐建筑理念有三个层次内涵：一是"和而不同"，二是"唱和相应"，三是"以人为本"，是指不同的因素怎样才能从"和"而"谐"，达到"和谐"的境界。第一是指建筑要博采众家之长，属于精神理念，第二是指和谐地融合前者，属于创作手法，第三是指明确建筑的服务主体对象。建筑艺术创作通过贯彻和谐建筑理念，实现与周围建筑和环境多元共存，协调发展。

### 1）和而不同

《论语·子路》有言："君子和而不同，小人同而不和。"指和睦相处，但不随便附和，"和"是指不同因素的统一，就是和谐；"同"是指相同因素的统一，就是一律。在建筑创作艺术上，前者被赞赏和推崇，提倡不同因素的和谐，反对相同因素的一律。

### 2）唱和相应

《新书·六术》上说："唱和相应而调和"，意即虽然音律互有高低、各不相同，然而只要有主次、有节奏、有旋律地"调和"起来，便可成为和谐之乐。建筑创作做到让建筑本身和不同建筑从"和"而"谐"进而"和谐"，应该有一种蕴含的秩序才行，从而用"和而不同"来指导完成"和"，用"唱和相应"来指导完成"谐"。

### 3）以人为本

建筑是为人服务的，要为人们创造舒适的空间环境，满足人们物质和精神的需求。建筑设计不是一种用来静置欣赏的纯艺术，而是要面对大众、为大众解决实际问题的艺术，是一门兼具实用与美感的学科。

在建筑创作过程中，一方面勇于吸取先进科技手段、丰富全新的审美意识及满足现代化的功能需求，一方面善于继承发扬中华优秀的建筑传统，突显本土文化特色，努力通过现代与传统相结合、多元文化相结合的途径，创造出具有中国文化、地域特色和时代风貌的和谐建筑。

### 4．"和谐建筑理念"的具体内容

在城市发展的进程中，城市的和谐有赖于建筑的和谐，建筑不仅应与自然和城市和谐，其本身及其与周围建筑也应和谐存在，进而促进人与人、人与城市、人与自然的和谐。

#### 1）建筑与自然的和谐

建筑与自然有着清晰而紧密的联系，古人在山上建塔，河上修桥，营建与山水环境融合的景观建筑，传达"通显一邦，延袤一邦之仰止，丰饶一邑，彰扬一邑之观瞻"的环境经营理念。也常将自然空间的某种特点以形象化的手法赋予到建筑空间形态的设计中，让使用者在建筑内部环境产生如同在自然环境中的认同感，使外部自然环境得以没有障碍地延伸和扩展到内部人造空间中来，进而创造出具有满足人们行为或心理需求的建筑空间形态。和谐建筑以自然为基础的设计思想阐述了建筑与自然的联系，强调建筑与周围环境的融合后形成新的胜景。

西安国家版本馆项目选址于西安南郊秦岭圭峰北麓。圭峰山形态险峻，形似玉圭，顶天立地，一山独尊，四座较矮的山峰规则排列向北绵延，对圭峰形成众星拱月之势。

从圭峰的最高点引一条轴线与用地等高线基本垂直，此轴线向北穿过

1　西安国家版本馆用地示意
2　从文济路沿中轴线看向西安国家版本馆
3　西安国家版本馆东北向鸟瞰图
4　高台建筑与前序建筑共同围合的文济池与中心绿地

环山路形成的一系列空间节点串联在一起形成文济轴,将秦岭、国家版本馆西安分馆与古城西安有机地连接成一个整体。从文济路的沿文济轴方向看建筑群体的背景,恰似圭峰自然山形,山峰的轮廓线天然形成有主有从的格局,契合西安国家版本馆的主从有序的建筑设计理念。

建筑总体格局力求方正、大气、典雅,采用皇家山水园林的群落空间布局。在中轴对称布局与顺应场地自然环境的结合设计策略下,建筑师以秦汉高台建筑体现文济阁的汉唐雄风。该项目整体因借圭峰,依山就势,高台筑阁,在彰显文济阁建筑标志性的同时,营造云横秦岭、北望渭川的诗情画意。建筑园林一体化设计,结合坡地营造山地园林,并在旱季引太平峪活水,在雨季收集雨水,形成项目中心处的太平池,山、水、建筑共同形成山环水绕、山水相融的园林景观。项目设计馆园一体,不同台地建筑拥有不同层次的视觉体验,建筑在为公众提供舒适室内环境的同时,也与秦岭浑然一体,为大众营造了宜人的园林休憩空间。

扬州中国大运河博物馆项目的选址位于扬州古运河中段三湾,是古代水工智慧的重要历史遗存,同时处于扬州市总体规划设定的瘦西湖—古城—古运河文化轴上。博物馆与已建成的三湾湿地公园实现馆园相融的效果,创造了良好的生态环境,形成"滨河筑馆,高塔览胜"的空间意象。博物馆滨河而建,矩形平面的长边平行于古运河东岸,建筑南端的主入口面

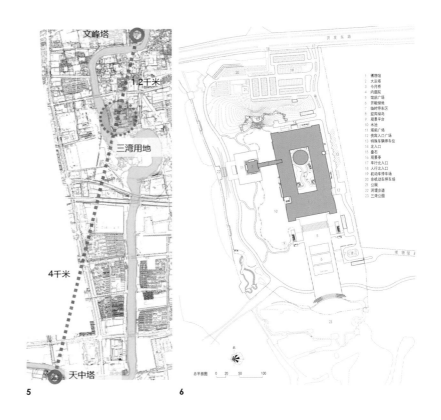

5    6

7

8

9

5  扬州中国大运河博物馆选址
6  扬州中国大运河博物馆总平面
7  高台建筑与前序建筑共同围合的
   文济池与中心绿地
8  文峰塔与大运塔遥相呼应
9  博物馆与古运河河堤之间的一片
   浅水池
10 中国长城博物馆选址
11 长城博物馆融入周边自然环境
12 从长城博物馆看向远处
13 以"城"的方式融合于山海关城
   堡体系中

向三湾湿地公园建有馆前集散广场。供游人登高观览三湾胜迹的大运塔设在建筑西侧，高耸于古运河东岸，并与运河上游的文峰寺古文峰塔、下游的高旻寺天中塔共同构成"三塔映三湾，三桥连馆园"的时空格局。根据申遗保护规划，在博物馆西侧与古运河河堤之间留空的场地作为三湾公园的延伸部分，一片浅水池形成对博物馆的保护与衬托。由此空间布局形成了历史文化与现代文明交相辉映的馆、塔、河、园、桥浑然一体的天然图画。

山海关中国长城博物馆项目选址于雄伟壮阔的山海关角山长城脚下，这里海拔 70 m，依山望海，视野极佳，可以仰观雄伟的角山长城，远眺渤海，整个山海关长城体系一览无余。项目紧临角山公园入口，交通便利，基础设施比较完善。从角山主峰引出的轴线贯穿博物馆、山海关关城直达渤海，将山、海、关连接为一个有机的整体。

博物馆建筑以低调的姿态融入长城建造体系和山海关山水人文环境。以"城"的方式融合于山海关城堡体系中，使其成为山海关长城体系中的一员，与山海关历史文脉相统一。建筑依山就势，层层退台与自然联结，消隐建筑体量于自然环境之中。建筑形象中正简朴，充分尊重身边长城遗产的主体地位，突显山的高耸与长城的壮观，体现出中国传统建筑文化中天人合一的理念。建筑内外空间融合。通过景窗和观景平台的设置使建筑内外空间相互贯通交融，将角山长城与远处的关城、渤海作为观展的序列高潮，给观者带来俯仰山海的感官冲击。

2）建筑与城市的和谐

"城市文化孕育建筑文化，建筑文化彰显城市特色"，建筑作为城市的重要空间载体和节点，对城市也应保持足够的谦逊和友好，与城市有机相融，和谐共生。城市文化是城市的生长与更新的内生动力。建筑是对城市文化具象的呼应。建筑在城市中，就应该能够延续城市的文脉，在城市的土壤里自然成长，与城市相得益彰。每座城市都有其独特的文化传统、地域特征，在进行建筑创作时要仔细分析，做足功课，根据城市规划的要求及城市文化的梳理研究确定建筑风貌的设计。

开封市是首批国家历史文化名城，已有 4100 余年的建城史，有"八朝古都"之称，孕育了上承汉唐、

下启明清、影响深远的"宋文化"。面对开封市新的时代发展需求，我们通过一系列建筑设计实践探索并提出了开封市整体发展的城市风貌设计策略，即根据开封城市整体规划思路和每个项目的不同地点确定不同的对策，提出"宋形""宋意""宋韵"的整体设计思路。

宋形——针对老城内重要景观节点建筑，严格采取宋式建筑形制。
宋意——针对新区核心区重点建

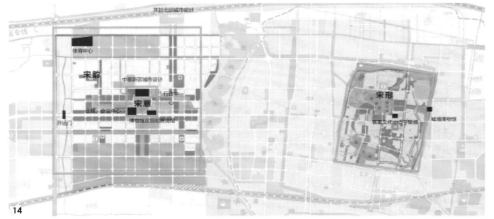

14  开封系列项目整体设计思路与城市关系
15,16  老城内建筑严格采取宋式建筑形制

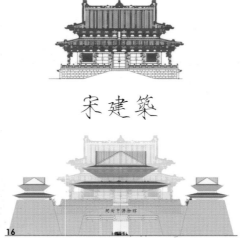

宋建築

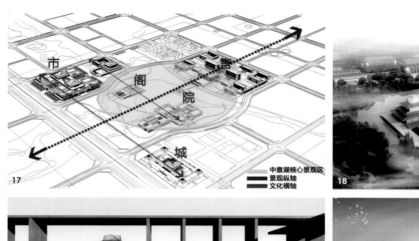

17 开封市中意新区城市设计整体理念
18 中意湖由几组宋意建筑环绕
29 沿"院",从中意湖核心景观区看向"阁"
20 中意湖面与宋意建筑群互为景观
21 开封市博物馆,以"城"为概念

筑,以现代材料取宋式建筑意向。开封市中意新区城市设计以中意湖水域为脉,围绕湖面设计了以传统建筑的"宫 城 市 阁 院"为主题的城市开放空间体系:宫为行政中心,城为博物馆和规划馆,市为会展中心,阁为音乐厅,院为图书馆和美术馆。建立城市地标体系,强化城市空间的结构,并形成城市空间轴线的对景。采用园林设计手法,将重要的公共服务建筑

22 开封市体育中心鸟瞰图
23 开封市市民文化中心鸟瞰效果图
24 开封市体育中心沿街透视图
25 开封市市民文化中心主入口透视图

空间节点串联起来，合理布局建筑之间的尺度，达到"集巧形以展势"的效果，凸显开封"北方水城"的地域特色。

宋韵——针对新区非核心区建筑，从灿烂的宋文化中汲取元素，不拘建筑形式。开封市体育中心在有限的用地内采用复合体育建筑特质的集约建筑布局，从宋文化中寻找建筑灵感，取天圆地方、瓷砚之韵，形成具有典雅风貌的现代体育中心形象。

开封市市民文化中心地跨宋外城遗址，给此块用地以特定的历史主题。公园景观与市民中心综合体共同形成一个完整的市民公共文化中心，重构古都城外城内的历史图景。已展开画卷的形式聚合不同功能空间，营造颇具特色的城市风貌。

3）建筑自身的和谐

建筑是一个复杂的综合体，涉及建造的功能目标、经济条件、技术水准、生态节能、艺术特色和社会意愿。建筑的成败得失往往取决于能否使这些因素有机平衡。面对日益复杂多变的建筑设计需求，如何平衡其多方面的建设需求，是建筑师需要着重考虑解决的问题，尤其是建筑形式与功能之间的平衡，一直以来都是建筑设计中最突出的讨论焦点之一。而面对经济条件、技术水平等的制约，如何在此基础上更好地实现建筑设计？或者说，经济水平与技术条件又如何引领建筑设计？而在日益严峻的环境与能源形势下，建筑作为人造活动如何实现生态目标？又如大型工程中，如何满足大众对建筑的呼声？面对以上种种复杂的实际建造问题，建筑设计作为一

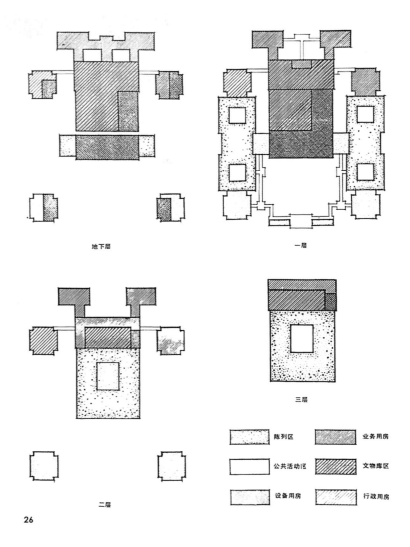

地下层　　　　　　一层

二层　　　　　　三层

| | 陈列区 | | 业务用房 |
|---|---|---|---|
| | 公共活动区 | | 文物库区 |
| | 设备用房 | | 行政用房 |

26

项情况综合复杂的实践活动，秉承"和谐"的理念，兼顾功能目标、经济条件、技术水准、生态节能、艺术特色和社会意愿，才能更好地满足多方面的需求。

陕西历史博物馆是古都西安市的标志性建筑，同时也是陕西地区各类历史博物馆系列中的"龙头"。兴建这座文化建筑，不但应该功能合理，设施先进，而且要注重建筑作为文化传播媒介的精神功能。因此，建筑师在建筑创作中力求将传统艺术形式、手法等与现代化的功能、技术相结合，以满足博物馆使用人群的需求为根本目标，为馆方和观众营造实用与美观兼顾、传统与现代并存的建筑空间。为此，建筑的设计策略主要有如下几点。

（1）统筹兼顾，明确分区。针对博物馆的实际使用，在具有传统特点的布局基础上，分为两大部分，博物馆的"前台"对观众开放，直接为观

**27,28** 西南小庭院与主庭院
**29** 业务楼北门
**30** 商业楼
**31** 文物实验楼
**32** 博物馆主入口

众服务；后部是收藏文物及工作人员工作场所，馆内观众不能从前部进入后部，但相关工作人员和运输物品的车辆能方便地从后部到达前部。

（2）生活方式与空间组合。以传统院落式的建筑空间组合为基础，室内外空间穿插结合，并配置汉唐等时代的石雕，使陕西历史博物馆在满足展览功能的同时，成为一个人民群众喜闻乐见的文化休闲场所。

（3）创造条件，提高效益。在陕西历史博物馆设计中综合考虑群众对文化休闲设施的要求日益提高，设计安排了各种服务项目，如对外开放的商业楼、会议楼、临时展厅、文物保护实验楼等，以扩大馆方的经济收益，为博物馆以收抵支创造条件。

（4）现代技术材料与当代审美意识。陕西历史博物馆作为现代化的大型博物馆，没有一板一眼地仿古，而是运用现代的钢筋混凝土框架结构、建筑构配件和材料，在展现唐风建筑洒脱形象的同时，力求具有时代特征，表现当代审美意识。

扬州中国大运河博物馆，在前文中已经阐述其与自然、历史场所的和谐关系，对建筑自身的和谐也着力甚多。如博物馆前开阔的广场、博物馆西侧与古运河河堤之间留空的场地作为三湾公园的延伸，这些公共空间在处理自然与场地保护的基础上，还成为公共活动场所。大运河博物馆成为三湾公园的延伸，与剪影桥交相辉映，现在已经成为周边市民休闲生活的好去处，而非仅仅是一个"高大上"的

**33** 中国大运河博物馆主立面与其馆前广场

**34** 大运塔的钢构件与传统的轮廓
**35** 大厅、内庭院与阅江厅
**36,37** 博物馆的多样展陈体验

博物馆建筑。

其次是博物馆的功能设置与空间设计。当下的博物馆展陈互动手段越来越多样化，因此博物馆在设计时与展陈团队充分沟通，以建筑作为容器的理念，功能空间及其流线设计简洁明确，满足后期展览、剧场、研究、体验等功能需求。目前馆内还有多个主题展厅、文创展示区、文化剧场、儿童体验区和考古研究所等，各地众

多民众及青少年前往博物馆进行研学活动。博物馆内的公共空间结合内庭院与水系设计，成为一方具有传统庭院意味的休闲空间。

同时，中国大运河博物馆作为国家大运河文化带上的重要建设项目，是展示中华民族辉煌历史、复活民族文化记忆的重要载体。如何让传统历史风貌与现代扬州和谐共存？建筑外观首先以建筑雕塑感体块的浑厚与大

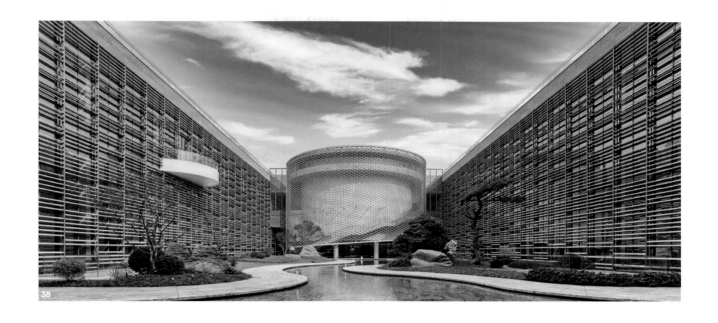

**38** 内庭院

运塔通透灵秀形成强烈对比。建筑表面以水纹石板形成的韵律，呼应水波在建筑外墙表面生成的光影。博物馆中央和四角的节点处，用简洁现代的钢结构线条勾勒出具有鲜明隋唐建筑特征的殿堂的轮廓。

4）建筑促进人和人的和谐

建筑作为承载人类活动的重要场所，不仅反映人类文明的进步，而且在当代社会促进人与人的和谐。建筑的发展趋向于以人为本的绿色、生态、有机、和谐的方向上来，建筑设计不仅要满足安全、功能、美观等，更要考虑个人行为、群体动作，甚至是琐碎的日常生活所需。实质上，建筑是去创造可以承接人的行为、服务人的生活的空间。要做到这些，建筑应当流线合理，使用方便；公共空间丰富多样，能够承载各种公共活动的需求，成为一个能够使人类各种活动顺利进行的"容器"。

例如在大唐芙蓉园与华清宫文化广场的设计中，建筑师对公众的参观流线进行了详尽的考虑，力求在参观流线合理的基础上，可居可游。

大唐芙蓉园为了解决大型皇家园林古为今用时普遍存在的道路不畅、场地不足等问题，融入现代理念，构建了多层次的道路体系与丰富的广场体系。园内主游览道路适当加宽，主环路与疏散、防灾的消防车道系统和夜间货运系统相兼容。人流集中的景点增设多种类型的庭院和广场，扩大

室外空间，既陪衬烘托了主体建筑，加强了皇家园林的气派，也为人流集散和开展群众性活动提供了必要的场所。支路与小路则与错落自由布局的园林建筑与理水、叠石、堆山、栽花、植林相结合，以达到"可行、可望、可游、可居"的意境。

又如在华清宫文化广场的整体规划设计中，注重公众的游览体验，首先以一主三辅的4个游客主题广场活动区形成主参观流线，4个广场均相应设置主题性雕塑，以优美的艺术形象体现出大唐华清城的历史文化主题。其次则是城墙保护带与华清路之间，3个次广场外全作园林绿化游憩区，游客可以自由在其中穿梭观赏，与主动

**39** 大唐芙蓉园的多层级道路系统
**40** 大唐芙蓉园的主路、广场与支路
**41** 华清宫广场鸟瞰图

**42** 华清宫广场总平面
**43** 华清宫广场交通分析
**44** 地上地下建筑联通空间
**45** 下沉庭院

线形成对比。

除了整体规划上的主次对比，在东西长达546 m的地下商业建筑中还着意为游客创造多类型、多情趣的上下出入的途径。如东西二区营业厅内各设有大小不同的两个圆形下沉庭院，丰富室内外景观与路径；还为方便老年人和残障人设置了各种坡道、自动扶梯和电梯。

大运河博物馆充分发挥建筑的"容器"理念，首先在外部，其开阔的馆前广场成为市民休闲活动的好去处，

屋顶花园的设计也充分发挥建筑的"第五立面"，与园林设计相结合，既美观又绿色。博物馆内部首先满足最主要的展陈功能，设置多个主题展厅、文创展示区、文化剧场、儿童体验区和考古研究所等。其他公共空间则根据其功能，创造不同的空间体验。如序厅宽敞通透，公众来此暂做停留时，首先一览博物馆开阔的空间与水系蜿蜒的内庭院。展厅之间的公共走廊则光影交错，与内庭院的互动显得静谧。博物馆屋顶南端的阅江厅用作接待，视野高远，使人另有一番体验。

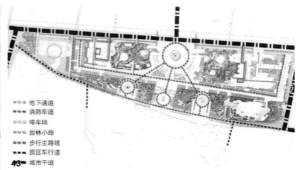

**46** 馆前广场与屋顶花园
**47** 序厅与内庭院
**48** 展陈空间
**49** 面对内庭院的公共走廊
**50** 阅江厅内景
**51** 大唐芙蓉园功能分区

同时，建筑设计要充分考虑各类人群来此参观的可能性，为不同类别的客人提供开展性质不同的群众性活动公共空间。

如大唐芙蓉园，首先整体分为中轴、西翼、东翼、环湖4大景区，即4大功能分区。中轴区是演艺区，包括"凤鸣九天"歌舞剧院，可以容纳上千人的紫云楼及其南侧庭院演艺广场，还有延伸至湖心的"焰火岛"、大型音乐喷泉与水幕电影；西翼区有可以容纳4500人同时用餐的御宴宫，包括5个大宴会厅和1个多功能厅，另有院落式的各种规模和套型的包间；东翼区以全园主峰为中心，包括表现唐代物质文明的市井商业氛围浓厚的唐集市和以雕塑碑刻表现唐代精神文明之最的唐诗林。环湖区16个景点大都以湖光山色、自然景观为欣赏对象，本

出入口区
环湖区
东翼区
中轴线区
西翼区

**51**功能景观分析图

52 紫云楼
53 陆羽茶社
54 彩霞亭廊

身同时又点化了风景的"纯园林建筑"，如龙舟、曲江亭、牡丹亭、赏雪亭、彩霞亭廊等。环湖区还有 4 组较大的园林建筑：欣赏茶文化的"陆羽茶社"、供会议与陈列用的"杏园"、彰显唐代女性特色的"仕女馆"、精致高档的微型宾馆"芳林苑"。这些不同尺度和功能的建筑与景观设计相结合，更好地服务于不同使用需求的人群。

## 结语

建筑师的创作处于"从历史走向未来"的时间长河之中，都要做出对中国传统文化基因传承的时代答案，20 世纪 30 年代提出过"中国固有之形式"、50 年代倡导过"民族风格"，梁思成先生认为"中而新"是中国新建筑艺术风格的上品，何镜堂院士提出的"两观三性"论和程泰宁院士关于"语言·意境·境界"的思考也都是基于建筑创作实践的理论探索。近年传承中华优秀传统建筑智慧逐渐成为很多建筑师的共识，中华建筑文化多元丰富、博大精深，华夏院在张锦秋院士的引领下，通过 30 年对"和谐建筑理念"的坚守、在文化高度和技术深度上的持续探索，并结合百余项建筑作品的创作实践，希望提出当代建筑创作的一家之言，成为中国建筑文化这条璀璨长河中的一朵时代浪花。

文化 教育 建筑

Cultural and Educational Architecture

黄帝陵祭祀大殿（院）

The Huangdi Mausoleum(Courtyard)

建筑面积 10000 ㎡
用地面积 78900 ㎡

1

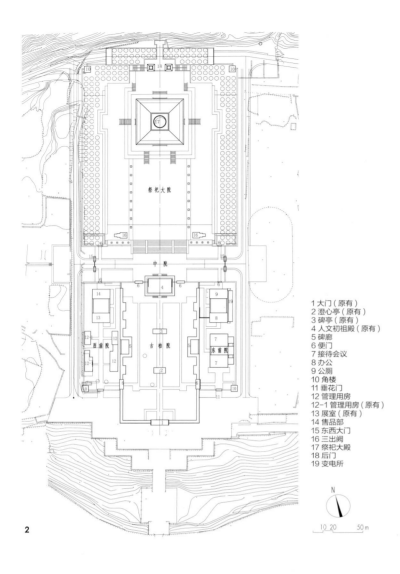

祭祀大殿设计以"山水形胜、一脉相承、天圆地方、大象无形"为主旨。规划景观体现与人文自然环境接续生长，使建筑具有鲜明的民族文化特征，与传统建筑一脉相承，具有浓郁的时代气息，塑造雄伟、庄严、肃穆、古朴的圣地氛围。

项目占地 78900 m²，分为古柏院（轩辕庙）及周边整治、中院和大院（祭祀大殿）。

1 大门（原有）
2 澄心亭（原有）
3 碑亭（原有）
4 人文初祖殿（原有）
5 碑廊
6 便门
7 接待会议
8 办公
9 公厕
10 角楼
11 垂花门
12 管理用房
12-1 管理用房（原有）
13 展室（原有）
14 售品部
15 东西大门
16 三出阙
17 祭祀大殿
18 后门
19 变电所

2

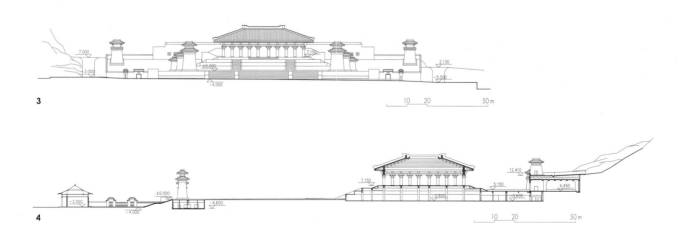

3

4

1 东北方向透视
2 庙区、庙前区总平面图
3,4 剖面图
5 轩辕庙内景

中院是古柏院与祭祀大殿之间的交通过渡空间。大院占地 10000 m²，是举行祭祀大典的场所。大院南端大台阶东西两侧分立 15.12 m 高三个石阙。大殿高 17.35 m，台高 5.4 m。36 根 4 m 高直径 1.2 m 的圆形石柱围合成边长为 40 m 的正方形空间。大殿地面采用青、红、白、黑、黄 5 种颜色的石材，象征华夏大地。石柱采用中空的整根花岗石，施工时作为内部钢筋混凝土柱的模板。石柱上巨型覆斗形屋顶采用钢筋混凝土预应力大跨度空间结构形成无柱空间，屋顶中央做直径为 14m 的圆形天窗。四季晨昏，天窗中天光云影共徘徊；日出月落，柱廊在大殿地面和殿中的黄帝石像上产生丰富的光影，空间恢宏神圣而通透明朗。大殿檐下正中悬挂书法家黄苗子书写的"轩辕殿"匾额。

总体结合地形，大院地坪高于周边 4 m，视野开阔。大殿之北下穿隧道解决了上山车道问题，上做覆土使殿与山自然衔接。大殿与桥山苍松翠柏唱和相应，体现"天人合一"的中国传统哲学思想。

5

6　全景鸟瞰
7　轩辕庙入口
8　轩辕庙正立面
9　东南方向鸟瞰

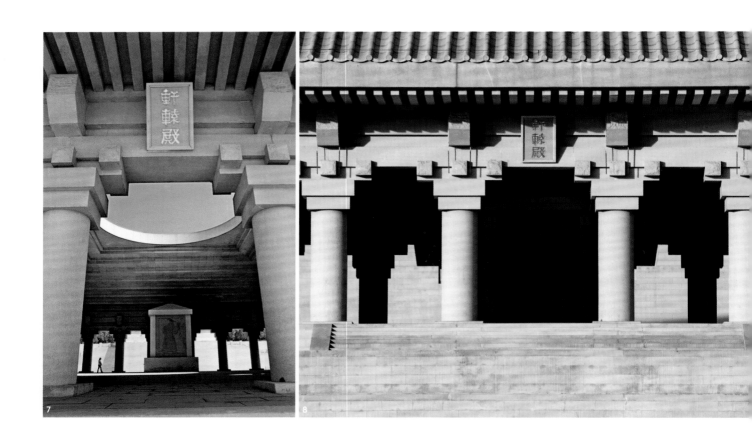

# 中华始祖堂

Chinese Primogenitor Exhibition Center

建筑面积 24000 m²
用地面积 97620 m²

桥山黄帝陵有古柏8万多棵，其中3万多棵树龄千年以上。2004年，庙区轴线北端的黄帝陵祭祀大殿落成，使庙区与陵区形成完整的祭祀空间序列。

黄帝文化中心用地位于黄帝陵东面，东临G210国道，西面距庙区轴线390 m，南为沮水，北面是通向桥山的道路。用地面积97620 m²，建筑面积24000 m²。

黄帝文化中心定位为地下博物馆，以建筑的无形强化黄帝陵桥山肃穆、静谧的整体圣地氛围。建筑顶板上有2.5 m厚覆土，密植松柏成林，与桥山的古柏森林浑然一体。

设计以厚重黄土中露出的玉龙为创意。弧线以圆弧相切的方式组合成富于变化的自由曲线，以此作为建筑和景观的轮廓线。弧形台阶坡道将观众从东面地面广场顺畅地引到地下南入口广场。玉龙"C"形设计把各功能区围合成一个整体："C"形内凹部分形成的空间，作为入口广场；"C"形缩小稍旋转一个角度，围合出序厅的空间；入口、门厅、序厅形成的轴线与庙区轴线平行；矩形展厅与弧形轮廓产生的边角空间，设计成下沉庭院，将阳光和风引入地下空间。弧形平面使室内空间产生连续不断的流动感。中庭、连廊、过厅等公共空间上部三角形交叉密肋板结构，梁间三棱台顶端设直径为300 mm的圆孔，阳光透过圆孔，在室内地面形成光斑矩阵。流动、重复、变奏使建筑带有音乐旋律的特征。

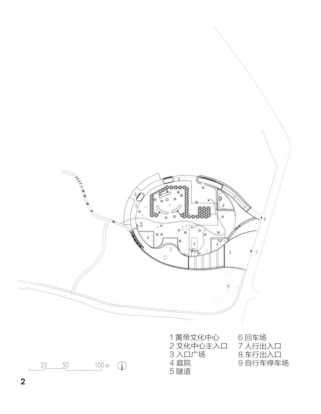

1 黄帝文化中心　　6 回车场
2 文化中心主入口　7 人行出入口
3 入口广场　　　　8 车行出入口
4 庭院　　　　　　9 自行车停车场
5 隧道

20　50　　100 m

2

3

4

1 全景鸟瞰图
2 总平面图
3 入口
4 流线交汇处
5 入口广场

5

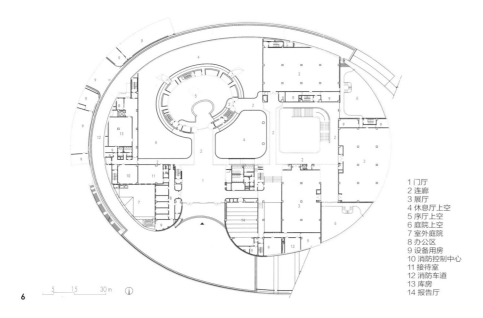

1 门厅
2 连廊
3 展厅
4 休息厅上空
5 序厅上空
6 庭院上空
7 室外庭院
8 办公区
9 设备用房
10 消防控制中心
11 接待室
12 消防车道
13 库房
14 报告厅

6    5    15    30 m    ①

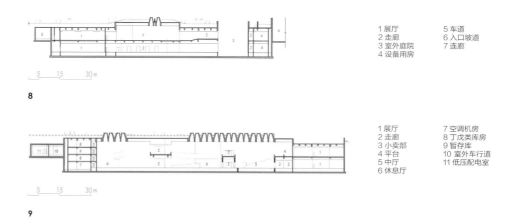

| 1 展厅 | 5 车道 |
|--------|--------|
| 2 走廊 | 6 入口坡道 |
| 3 室外庭院 | 7 连廊 |
| 4 设备用房 | |

5　15　　30 m

**8**

| 1 展厅 | 7 空调机房 |
|--------|-----------|
| 2 走廊 | 8 丁戊类库房 |
| 3 小卖部 | 9 暂存库 |
| 4 平台 | 10 室外车行道 |
| 5 中厅 | 11 低压配电室 |
| 6 休息厅 | |

5　15　　30 m

**9**

6　地下一层平面图
7　南侧鸟瞰图
8　剖面图 1
9　剖面图 2
10　休息厅 1
11　休息厅 2

## 陕西历史博物馆及其更新

Shaanxi History Museum and its New Site

建筑面积 45800 m²
用地面积 65000 m²

1 主入口　　　　9 行政楼
2 基本陈列　　　10 文保实验室
3 专题展厅　　　11 职工入口
4 临时陈列　　　12 后勤入口
5 接待、报告厅　13 停车场
6 购物、餐饮　　14 票亭
7 业务用房、库区 15 值班室
8 图书资料楼　　16 存包处

20　50　100 m

2

　　1973 年周总理参观陕西省博物馆后提出要新建一个博物馆。1979 年中央正式发文批准筹建。1983 年确定选址，1986 年开工，1991 年建成运营，2016 年入选首批中国 20 世纪建筑遗产名录。

　　场地位于西安小寨东路北侧，翠华路西侧，东距唐大慈恩寺 1.3 km。

　　创造最能代表陕西悠久历史、灿烂文化、中华民族伟大卓绝精神风貌的新唐风。参考传统相地立基、选型定制做法，根据建筑性质及环境中的作用和地位，确定规格、型制、形式，定位大式——陕西历史文化殿堂，塑造宏伟、庄重、质朴、宁静的环境格调。

1 主入口及水池
2 区域平面图
3 剖面图
4 鸟瞰图

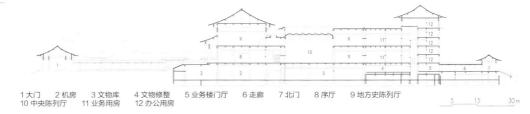

1 大门　　2 机房　　3 文物库　　4 文物修整　　5 业务楼门厅　　6 走廊　　7 北门　　8 序厅　　9 地方史陈列厅
10 中央陈列厅　　11 业务用房　　12 办公用房

5　15　　　30 m

3

4

5

科学计算各功能区规模；总体布局集中紧凑、分区明确、流线合理、院落组合、预留发展用地，有"轴线对称、主从有序、中央殿堂、四隅崇楼"宫殿特色；师法传统材分制度，定制模数统一不同体量单体比例尺度；以飞檐翼角为母题，出檐深远、飘逸舒展、洒脱的唐风特征使复杂的建筑群整体统一。墨雅于彩，素色为上，采用黑、白、灰、茶淡雅明朗色调。彰显唐代

建筑与现代建筑逻辑的共同点，形式体现结构，立面反映功能，斗拱檐椽均为受力构件，斗拱简化，无多余装饰，功能现代、设施完备。

2010年，在西侧地下结构架空层，增加游客餐厅3046 m²。在场地四角增加岗亭。在北面内部入口增加门卫值班室。

5　博物馆主楼
6　手绘鸟瞰图
7　屋檐意向
8　轴线对称、主从有序、中央殿堂、四隅重楼
9　泡钉大门

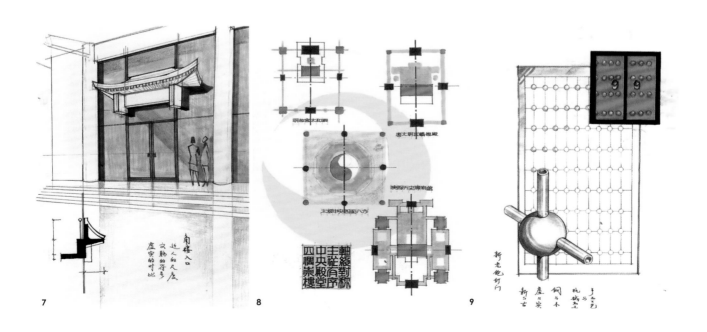

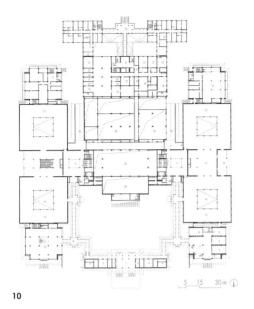

10

1 大门
2 售票
3 小件寄存
4 群工、接待
5 治安保卫
6 厕所
7 门厅
8 贵宾接待
9 教室
10 文物商店
11 休息厅
12 专题陈列厅
13 临时陈列厅
14 水庭
15 东门
16 图书资料楼
17 行政楼
18 文物入口

19 晾置间
20 登录间
21 清洗室
22 干燥室
23 暂蒸室
24 暂存库
25 休息
26 更衣
27 文物修整室
28 摄影配套用房
29 数据检索室
30 防盗中心
31 业务楼门厅
32 文保实验楼
33 北门
34 机房上空
35 文物库上空
36 坡道

5　15　　30 m

11

10　一层平面图
11　文物实验楼
12　商业楼
13　小庭院
14　主庭院
15　檐口细部
16　主入口细部大样

西安国家版本馆

China National Archives of Publications and Culture Xi'an Branch

建筑面积 82500 m²
用地面积 20000 m²

1 东北向鸟瞰图

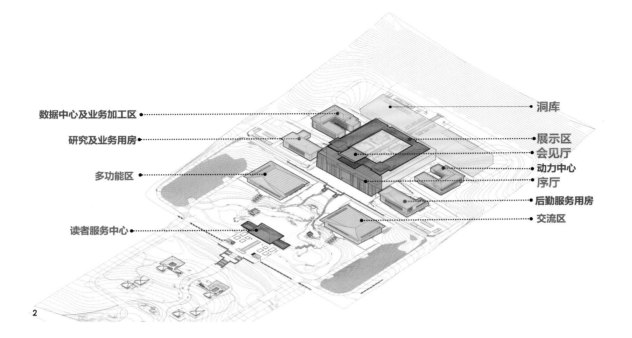

数据中心及业务加工区 ●········· 洞库

研究及业务用房 ●········· 展示区
会见厅
多功能区 ●········· 动力中心
序厅
后勤服务用房
读者服务中心 ●········· 交流区

**2**

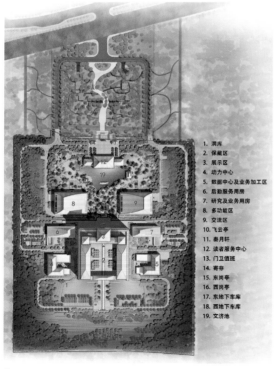

1. 洞库
2. 保藏区
3. 展示区
4. 动力中心
5. 数据中心及业务加工区
6. 后勤服务用房
7. 研究及业务用房
8. 多功能区
9. 交流区
10. 飞云亭
11. 秦月轩
12. 读者服务中心
13. 门卫值班
14. 寄存
15. 东岗亭
16. 西岗亭
17. 东地下车库
18. 西地下车库
19. 文济池

**3**

中国国家版本馆是国家版本资源总库和中华文化种子基因库，由中央总馆文瀚阁、西安文济阁、杭州文润阁、广州文沁阁组成。

西安国家版本馆位于圭峰北麓。设计以"山水相融、天人合一、汉唐气象、中国精神"为主旨，具有国家重大文化工程的标志性，陕西悠久历史和灿烂文化的象征性，与时俱进、采用新理念新技术的时代性，满足复杂使用需求的功能性。

从圭峰制高点引出项目的轴线，总体方正、大气、典雅，建筑紧凑、高效、集约，有皇

2 功能及交通流线示意
3 总平面图
4 鸟瞰全景
5 从文济池看向文济阁

4

5

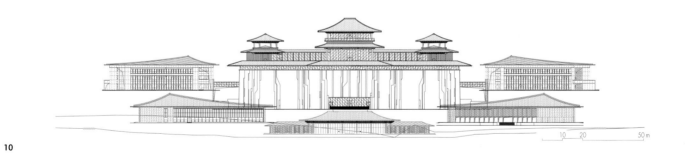

10

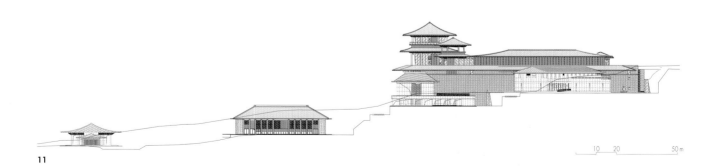

11

6　全景鸟瞰图
7　东北向鸟瞰图
8　从文济阁高处看向版本馆北入口
9　秦月轩
10　组合北立面图
11　组合剖面图
12　文济阁室内

家山水园林布局特征。场地南北高差 77 m 分为 6 层台地，开放区在最低的两层台地。汉长安国家图书档案馆天碌阁、石渠阁为高台建筑。以版本库为主的高台，下接开放区，上承展示区与文济阁，为全馆枢纽。高台表皮取意秦岭山石，肌理粗犷质朴。高台之上文济阁，主阁居中重楼庑殿，二侧辅阁重楼攒尖。各功能区围绕高台布置，舒缓的坡屋顶高低错落，中轴对称、主从有序，与层层山峦唱和相应，有云横秦岭、北望渭川的诗情画意。

读者从中心山地园林的林间步道穿行可至高台。林中文济泉水引自太平峪。溪水经瀑布叠落至文济池。池中立石，两岸亭榭相望。池林映衬下，景深直达圭峰，文济高阁气势恢宏，营造山水交融、馆园结合的美好景象。

# 延安革命纪念馆

Yan'an Revolutionary Memorial Hall

建筑面积　29853 m²
用地面积　158700 m²

场地位于延安王家坪延河北岸。纪念馆坐北朝南，面朝延河，背靠赵家峁。设计尊重原纪念馆与斜跨延河的彩虹桥所形成的南北轴线，以此作为新馆轴线，沿轴线从沿河边界到山麓距离 336 m 自南而北布置纪念广场、纪念馆建筑、纪念园，因借山水格局烘托气势。

广场 29000 m²，可举行大型集会活动，日常是群众休闲、娱乐的公共场所。总高 16 m 的毛主席铜像立于广场中部。地面铺装设计有同心圆的大型弧线节理。其上布有草皮、花池，有节奏地为宽阔的广场增加了向心的凝聚感。

基地沿河宽度约为 500 m，结合功能建筑平面东西长 222 m，南北深78.5 m 形成"┏┓"形。在建筑横向水平尺度上用超常的向量，体现出强大的张力。围合的态势对整个广场形成有效的控制力。

从延安革命旧址杨家岭中共中央办公厅、中央大礼堂等历史建筑提取符号。修长的竖窗，小型密排洞窗，入口处理、砖材与石材的结合、平顶与坡顶的穿插，体现在纪念馆不同部位的细节设计中。延安的窑洞已成为党中央在延安 13 年中领导居所、党政机关、群众生活服务等的通用形式，纪念馆采用券洞式的主入口门廊、序厅两侧的窑洞式回廊、朝向毛主席像的窑洞纪念墙，以此留住那个光辉岁月的永恒记忆，彰显延安革命精神永放光芒的象征意义。

1 建筑环境
2 主广场鸟瞰
3 总平面图

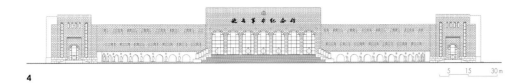

**4**

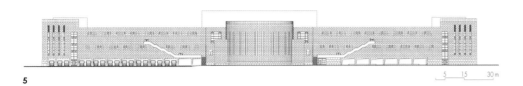

**5**

**6**

4　南立面图
5　北立面图
6　东西纵剖面图
7　外廊
8　入口台阶
9　大台阶与路灯细部
10　西侧透视图
11　立面细部
12　东纪念墙

**13** 序厅东廊
**14** 北立面图
**15** 序厅全景
**16** 一层平面图
**17** 二层平面图
**18** 序厅主题雕塑

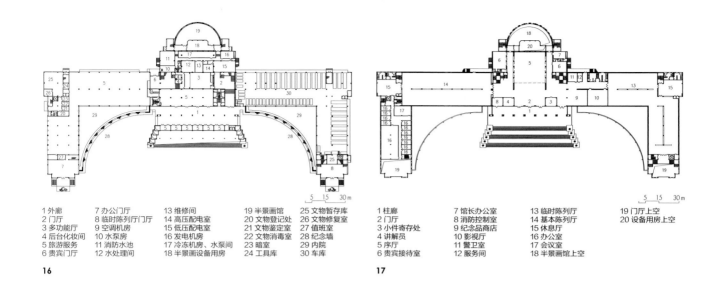

| | | | |
|---|---|---|---|
| 1 外廊 | 7 办公门厅 | 13 维修间 | 19 半景画馆 | 25 文物暂存库 |
| 2 门厅 | 8 临时陈列厅门厅 | 14 高压配电室 | 20 文物登记处 | 26 文物修复室 |
| 3 多功能厅 | 9 空调机房 | 15 低压配电室 | 21 文物鉴定室 | 27 值班室 |
| 4 后台化妆间 | 10 水泵房 | 16 发电机房 | 22 文物消毒室 | 28 纪念墙 |
| 5 旅游服务 | 11 消防水池 | 17 冷冻机房、水泵间 | 23 暗室 | 29 内院 |
| 6 贵宾门厅 | 12 水处理间 | 18 半景画设备用房 | 24 工具库 | 30 车库 |

**16**

| | | | |
|---|---|---|---|
| 1 柱廊 | 7 馆长办公室 | 13 临时陈列厅 | 19 门厅上空 |
| 2 门厅 | 8 消防控制室 | 14 基本陈列厅 | 20 设备用房上空 |
| 3 小件寄存处 | 9 纪念品商店 | 15 休息厅 | |
| 4 讲解员 | 10 影视厅 | 16 办公室 | |
| 5 序厅 | 11 警卫室 | 17 会议室 | |
| 6 贵宾接待室 | 12 服务间 | 18 半景画馆上空 | |

**17**

**18**

# 中国大运河博物馆

China Grand Canal Museum

用地面积 126355.80 m²
建筑面积 79171.86 m²

中国大运河博物馆位于江苏扬州城南三湾湿地公园北部，西临古运河。

设计以"三塔映三湾，三桥连馆园"为立意，建筑单体由博物馆、大运塔、今月桥组成。

博物馆建筑主体高23.99 m，矩形平面的长边与古运河平行。博物馆形体以容器为初心，有巨船的意象，外表皮石材、铝格栅等具有写意水波纹效果。屋顶花园局部突出的阅江厅等传统建筑造型元素在矩形基座之上表现"亭-台"意向。

博物馆与古运河之间的大运

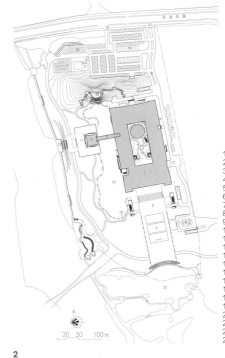

1 博物馆
2 大运塔
3 今月桥
4 内庭院
5 馆前广场
6 开敞绿地
7 临时停车区
8 迎宾绿岛
9 观景平台
10 水池
11 塔前广场
12 贵宾入口广场
13 特殊车辆停车位
14 北入口
15 叠石
16 观景亭
17 车行北入口
18 人行北入口
19 机动车停车场
20 非机动车停车场
21 公厕
22 河堤步道
23 三湾公园

20 50 100 m

**2**

1 全景鸟瞰 1
2 总平面图
3 西侧水池与博物馆

3

塔高 99.5 m，平面正方形；塔身 9 明层，2 暗层，地下 1 层。

今月桥跨度为 42.5 m，桥面高 20.1 m，是连接博物馆与大运塔的钢结构圆拱桥。

博物馆内庭院东西宽 41 m，南北深 99.75 m。内庭院靠北位置设圆厅，园厅将内庭院分为具有舒朗、幽静不同体验感的庭院。圆厅与博物馆西侧的大运塔、今月桥共同在一条东西向的副轴线上。博物馆交通休息空间环

4 东北面全景
5 遮阳幕墙外观
6 木构架内的楼梯通道

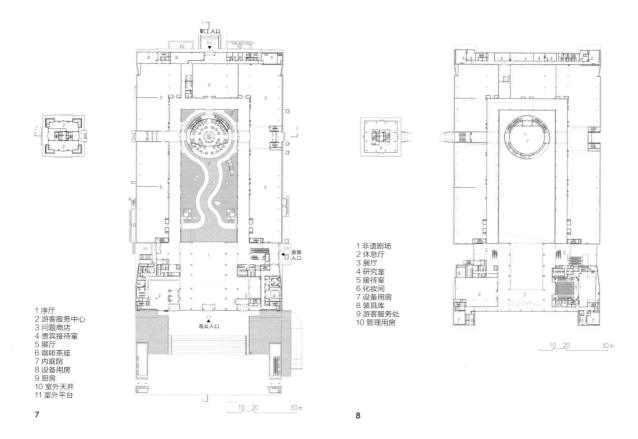

1 序厅
2 游客服务中心
3 问题商店
4 贵宾接待室
5 展厅
6 咖啡茶座
7 内庭院
8 设备用房
9 厨房
10 室外天井
11 室外平台

7

1 非遗剧场
2 休息厅
3 展厅
4 研究室
5 接待室
6 化妆间
7 设备用房
8 装具库
9 游客服务处
10 管理用房

8

7   ±0.00 m 标高平面图
8   7.6 m 标高平面图
9   自室内望向庭院
10  今月桥连接塔馆

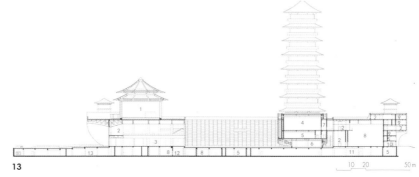

11 大运塔下部近景
12 廊道沿内庭的幕墙
13 剖面图
14 内庭院

1 阅江厅
2 休息厅
3 序厅
4 数字展厅
5 设备用房
6 咖啡茶座
7 声闸
8 展厅
9 研究室
10 门厅
11 员工停车场
12 文创街
13 公共停车场

**13**

10　20　　　　50 m

绕内庭院布置，有明确的参观导向，又可灵活选择参观流线。圆厅外围双曲面拉索式木结构幕墙斜向交叉的网格形成半透空界面，与内庭院中的水、岸、树、石共同构成运河主题立体画面，成为序厅对景。

作为欣赏运河景观的场所和标志性建筑物，大运塔和阅江厅以极简现代的结构和材料建构，形成舒展、通透的效果，使传统建筑营造技艺朝着高技方向靠拢。

该项目已经取得绿色建筑三星设计标识认证。项目按照装配式建筑设计施工。

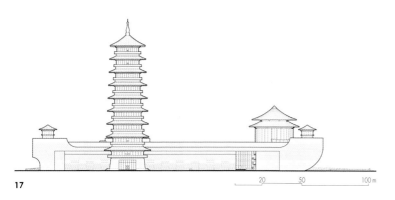

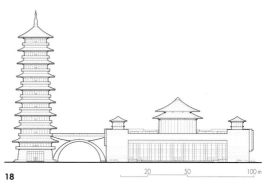

17

18

15 展厅1
16 展厅2
17 西立面图
18 南立面图
19 接待厅内景
20 展厅内景
21 入口序厅

# 山海关中国长城博物馆

The Great Wall of China Museum, Shanhaiguan

建筑面积 29911 m²
用地面积 141663 m²

山海关中国长城博物馆是长城国家文化公园的核心建筑，是展示、研究与保护长城文化的国家级博物馆，是在新的时代展现国家意志、讲好中国故事、弘扬爱国主义精神、传播长城文化的重要载体。

博物馆选址于山海关关城北侧、角山脚下。用地依山望海，视野极佳，可以仰观雄伟的角山长城，远眺渤海，整个山海关长城体系一览无余。

总体规划布局将北翼城及长城文化产业园纳入统一设计，使整个角山区域与山海关城联系成为整体，构建全面的文化与旅游体系。博物馆建筑在游览流线中起到承前启后作用。

博物馆建筑与角山公园入口统一进行规划设计，充分利用原有环境设计园林景观，并利用原有设施设计室外停车场。改造原有道路系统以保证博物馆区域的交通顺畅及消防通道的环路畅通。

该项设计源于对长城历史文化与长城建筑体系的研究。长城是一个关城一体的综合体系，它承担着防御功能、文化的交流与融合使命。建筑以"城"的方式融合于长城关城体系之中，消解了建筑体量，使其成为山海关长城体系中的一员，与山海关历史文脉

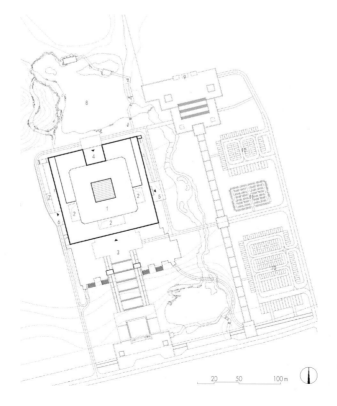

**1** 总平面图
**2** 东南方向鸟瞰图
**3** 北侧鸟瞰图

1 博物馆
2 庭院上空
3 博物馆主入口
4 博物馆二层入口
5 后勤人员入口
6 办公人员入口
7 卸货场地
8 水面
9 牌坊
10 机动车停车场
11 非机动车停车场

20　50　　100 m

2

3

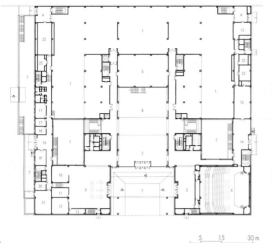

1 展厅
2 主入口门厅
3 休息厅
4 过厅
5 4D 影厅
6 报告厅
7 庭院
8 中庭
9 游客服务中心
10 寄存处
11 医务广播室
12 讲解员休息室
13 储藏间
14 贵宾门厅
15 贵宾休息室
16 办公门厅
17 办公
18 值班
19 接待
20 设备管理室
21 消防安防控制中心
22 设备用房

4

5  15    30 m

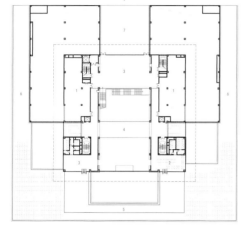

1 展厅
2 咖啡茶座
3 休息厅
4 连桥
5 活动平台
6 绿化屋面
7 室外庭院
8 景观步道

5

5  15    30 m

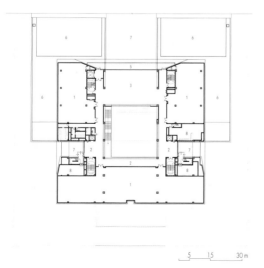

1 展厅
2 过厅
3 休息厅
4 储藏间
5 室外露台
6 绿化屋面
7 室外庭院
8 设备机房

6

5  15    30 m

相统一，成为整个长城建筑体系以及山海关长城、城市文化脉络的延续。

建筑形体依山就势，以藏的姿态融入自然环境，严格遵循长城保护要求，突出角山与长城的主体地位。建筑主体对称，水平延展，使角山与山海关城之间的连线在整个山海之间建立起时空联系，突显山的高耸与长城的壮观，体现出中国传统建筑文化中天人合一的理念。建筑形象中正简朴，体现大国之姿，既展现了国家的大器包容，又体现了鲜明的时代特色。材料选取燕山石材，建筑形体中正大气，简约质朴。

建筑内外空间相互交融，3 层公共空间通过巨大的开窗将长城全景作为博物馆最重要的借景，而从屋顶平台向南遥望渤海，向北仰望角山，将角山长城与远处的关城、渤海作为观展的序列高潮。

设计人员在充分考虑了地域文化多样性后，以"保护优先，强化传承"为基本原则，以"彰显特色，引领文化"为基本纲要，总体设计，统筹规划，以"藏"+"融"两重思想为设计理念，以藏的姿态尊重用地周边长城景观、地理环境，以抽象的"城"的形态融入关城一体的长城体系，设计出根植于环境的标志性建筑，打造一流的国家级博物馆。

7

4 一层平面图
5 二层平面图
6 三层平面图
7 正立面
8 剖面图 1
9 剖面图 2

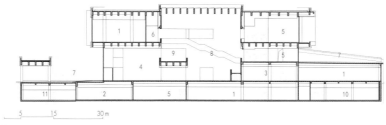

8

1 展厅
2 互动体验展厅
3 4D 影厅
4 主入口门厅
5 休息厅
6 过厅
7 庭院
8 中庭
9 连桥
10 文物库房
11 设备机房

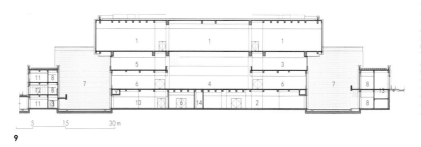

9

1 展厅
2 互动体验展厅
3 咖啡茶座
4 主入口门厅
5 休息厅
6 过厅
7 庭院
8 走廊
9 管道夹层
10 餐厅
11 办公区
12 接待室
13 楼梯间
14 设备机房

大明宫丹凤门遗址博物馆

Daming Palace Danfeng Gate Heritage Museum

建筑面积　11474.2 m²
用地面积　6648.4 m²

　　根据中国社会科学院考古研究所西安唐城队 2006 年的发掘报告和 2008 年 6 月的考古定点平面示意图可知唐大明宫丹凤门城台南北总进深 33 m，东西总宽 74.4 m。根据有关文物部门意见，丹凤门遗址本体在建筑中整体保护展示，不采用局部封闭的保护展示方式。5 个门道均不作为园区及展示厅的出入通道。室内温湿度参照一般博物馆展厅内温湿度设置，以人体感舒适为准，不作特殊控制。

　　这座遗址保护建筑的意义非同一般。丹凤门是唐大明宫正门，不仅其尺度、体量、规格为隋唐城门之最，正对门楼的大道竟宽达 176 m，超过唐长安城的主干道朱雀大街，是隋唐都城中最宽的南北大道。根据史籍记载，丹凤门是皇帝出入宫城的主门，也是宣布登基改元、颁布大赦等重要法令，举行宴会等外朝大典的重要政治场所，在一定程度上堪称唐王朝的皇权象征和国家标志。在宫殿建筑群体布局艺术上，丹凤门北与含元殿遥相对应的恢宏气势，南眺终南群山映衬的大雁塔雄姿，这些历史上的壮丽景观都是令人为之向往的盛唐梦境。而今丹凤门正对大雁塔这条轴线更成为现代西安的城市实轴。火车站

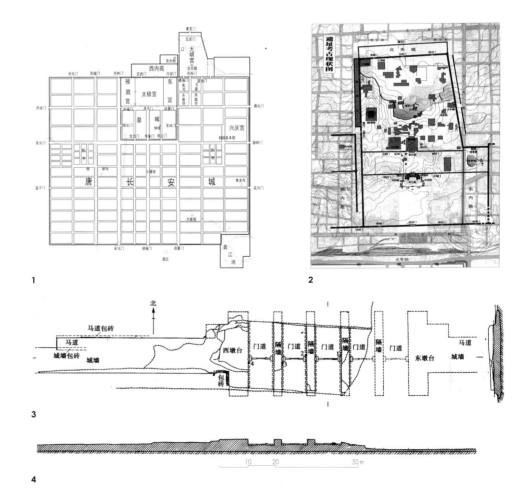

**1**　　**2**

**3**

**4**

1　唐长安平面示意图
2　唐大明宫遗址考古现状图
3　丹凤门遗址平面图
4　丹凤门遗址剖面图
5　西北侧透视图

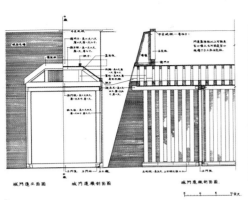

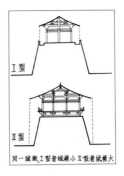

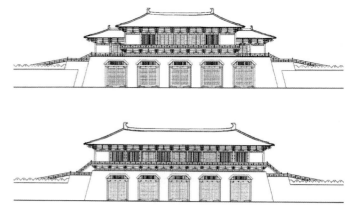

6

7

北广场近在丹凤门址正南，丹凤门的位置是向过往火车乘客展示唐大明宫的一个标志性位置。

有鉴于此，丹凤门遗址博物馆若在保证保护展示基本功能的基础上，其艺术形象又能承担起沟通历史与未来，增进唐代宫殿与现代城市的融合则是方案的最好选择。于是决定在建筑造型上尽量切近唐丹凤门的建筑特色和风采，在城市空间中成为一个标志性形象，引发人们关于历史的联想；在建筑内能登高，北望大明宫遗址群及园区景色，南眺现代西安的繁华景象。

遵循这一思路，方案设计分两步进行：首先根据遗址的型制和尺寸进行唐丹凤门的推理设计，寻找出比较切近历史建筑原貌的形象；然后进一步与前述保护与展示两方面的构思相结合，制定出最终的遗址博物馆建筑方案。

唐代城门现无遗存实物，仅从大量唐代壁画上可见其一般特点。另从宋代绘画、纹饰上可见到一些城楼形象。宋《营造法式》则有相关的较详细的表述。通过绘画资料进行比较，可以得出唐宋城楼外观比较相似的结论，故宋代资料可资借鉴。

可贵的是，我国及海外建筑史学界专家学者对唐代城门做过多项复原设计，其中尤以中国工程院院士傅熹年先生《唐长安大明宫玄武门及重玄门复原研究》（1977）、《唐长安明德门原状的探讨》（1977）最为翔实。杨鸿勋先生（中国社科院）、王才强先生（新加坡国立大学）对唐长安明德门的复原设计，王璐女士（西安建筑科技大学）对唐丹凤门的复原设计都对唐代五门道的城门做出了有益的探讨。综而观之，以上四位专家的复原设计有一些基本的共同点：按《营造法式》规制设置整体性城门墩台。城门墩台上设平座。平座之上为木构式城楼。城门道按《营造法式》规矩设计。所不同的是城楼有两类方案：一类是在城墩台上作一栋矩形平面的木构城楼；一类是在城墩台上两端设置挟层，当中为正楼。经对唐宋绘画等资料分析，凡有挟屋的，城台平面形状大都随城楼形状的进退而进退，

6 宋《营造法式》所载城门形制构造
7 丹凤门复原立面图
8,9 室内
10 遗址展厅

墩台不是一个单纯的矩形平面，而丹凤门遗址显示其城墩台是一个完整的矩形。虽然碑林所藏兴庆宫图上所刻丹凤门为有挟屋的形式，但其城墩台错落的形状与现存遗址不符，故不足为据。通过试作两个推理方案，方案一城楼为单一的矩形平面，方案二城楼东西两端设挟屋，均严格按可实施

11

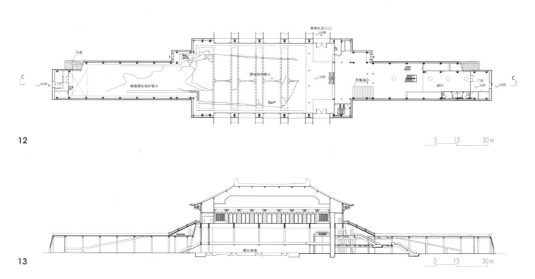

12

13

的工程规律设计出平、立、剖面图进行比较。最后判断，一个矩形平面的城台上设置一座矩形的城楼比较科学合理，形象端庄大气。在同一城台上作有挟屋的设计时，挟屋的屋顶和正楼的屋顶很难得到合理、美观的错落关系，工程技术的合理性较差。因此，

选择了推理方案一。推理设计的技术依据主要借鉴了傅熹年先生《唐长安大明宫玄武门及重玄门复原研究》一文中的资料和他主编的《中国古代建筑史》第二卷关于隋唐建筑的论述。建筑历史学家科学翔实的研究成果成为建筑师设计的可靠依据。

11　宫外看丹凤门
12　0.15 m 标高平面图
13　剖面图
14　城墙上看城楼
15　丹凤门南侧全景

# 陕西自然博物馆

*Shaanxi Nature Museum*

建筑面积 1570 m²

1 20 世纪 90 年代陕西自然
 博物馆实景鸟瞰
2 科技馆
3 总平面图

陕西自然博物馆的设计理念是让新建筑消失，做一个没有"形式"的建筑，突出原有电视塔，并形成开放的城市公共空间。以电视塔为中心，做一个圆形构图，保护了原有的地貌，并以此为中心连接电视塔南北的自然馆和科学馆。这一平面形状不仅呼应了菱形城市广场，也表现了生命的诞生，突出了自然博物馆的主题。月牙形的自然馆以楔形嵌入高地，坡向电视塔；科学馆及辅助部分利用地形高差做成单层与高地相连。科学馆内的穹幕影厅以透明的球体突出大地，表达了自然界日月同辉的永恒。建筑立面在这里成为地形的一部分，建筑的屋顶是城市的广场和绿化，整个建筑就像从地面上生长出来。充分利用自然光独特的造型手段形成了丰富、奇妙的室内空间，突出了自然博物馆特有的空间特色。

该项目荣获陕西省优秀工程设计一等奖、中国建筑学会建筑创作佳作奖、中建总公司优秀设计一等奖。

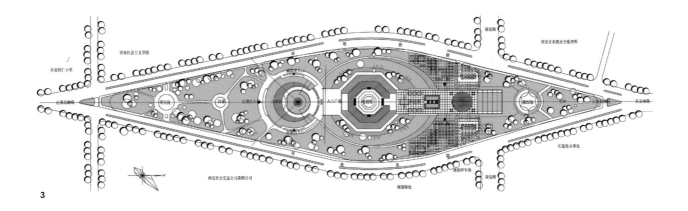

3

**4** 自然馆内部实景
**5** 自然馆西侧透视
**6** 科技馆外部庭院
**7** 馆区室外景观
**8** 立面图
**9** 科技馆内部空间

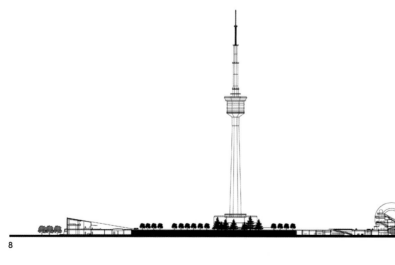

该项目用地位于秦汉新城窑店镇，北面为秦咸阳宫遗址。

建筑以北斗七星的组合方式象征秦宫象天法地的规划思想。群体分散布局有效降低对咸阳宫遗址的影响。斗柄五颗星为开放区，向南自然围合馆前广场，轴线定在秦咸阳1号宫殿遗址的中轴的延长线上；斗口两颗星为内部区，二星连线延长线与中轴交点即秦咸阳1号宫殿遗址。

北斗七星布局既有中轴对称的恢宏大气，又有不对称布局的自由动感。北斗七星与象征紫微星的秦咸阳宫唱和相应，观众的思想在这里超越空间维度，在思想维度与两千年前的古人共情共鸣，这是中国人特有的浪漫。

博物馆展厅设于开放区一层高台内，旅游服务等公共活动区设于高台上的"殿堂"中，既满足了不同功能区的使用需要，又使博物馆外观具有秦汉"高台榭、美宫室"的造型特征。各单体之间连以架空廊道——复道行空。结合地形在建筑周边作苑囿——馆园一体。南面水体象征"天汉"——银河，博物馆主入口设横桥飞跨天汉直通建筑二层平台——长桥卧波。入口双阙与博物馆主体遥遥相对，对博

1

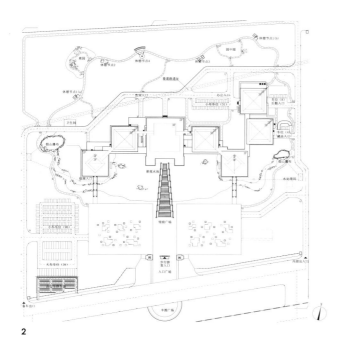

**2**

物馆前广场的空间起到限定作用——冀阙凌空。

高台GRC（玻璃纤维增强混凝土）大板表皮有夯土台从渭北平原上破土而出的豪放质朴。深灰色铝镁锰合金板与清水玻璃建构的殿堂有秦汉建筑的古拙刚健。

1　西南侧鸟瞰图
2　总平面图
3　主入口

**3**

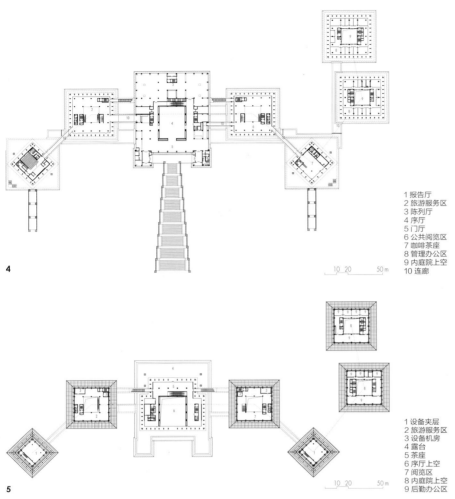

4  二层平面图
5  三层平面图
6  西南侧夜景鸟瞰图
7  水面及连廊
8  南侧夜景鸟瞰图
9  剖面图

1 报告厅
2 旅游服务区
3 陈列厅
4 序厅
5 门厅
6 公共阅览区
7 咖啡茶座
8 管理办公区
9 内庭院上空
10 连廊

4

10 20    50 m

1 设备夹层
2 旅游服务区
3 设备机房
4 露台
5 茶座
6 序厅上空
7 阅览区
8 内庭院上空
9 后勤办公区

5

10 20    50 m

6

7

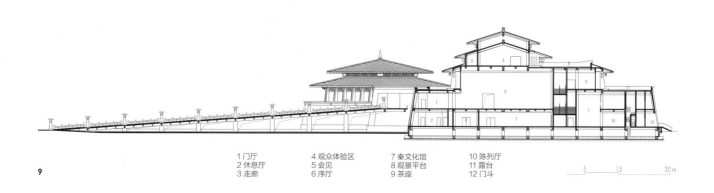

1 门厅    4 观众体验区    7 秦文化馆    10 陈列厅
2 休息厅    5 会见    8 观景平台    11 露台
3 走廊    6 序厅    9 茶座    12 门斗

5    15    30 m

# 陕西考古博物馆

Shaanxi Archaeological Museum

用地面积　16667 m²
建筑面积　35000 m²

陕西考古博物馆位于长安区常宁新城。常宁新城总规定位：古长安城南人居、宗教等传统文化展示区；西安南部历史文化、山水文化、生态文明与宜居、宜业、环境相融合的现代山水田园新城。陕西考古博物馆依托陕西省考古研究院60多年考古工作硕果，是国内首家展示考古学科的大型专题博物馆。博物馆建成后省考古院整体搬至新址。

设计以园林布局、汉风唐韵、前馆后院、简洁高效为主旨。用地西面文苑南路、北面规划路、南面终南大道使用地形状近似等边直角三角形。接待、展示、保藏、文保、研究、交流、后勤等区按考古院日常运行的流程布置。游客中心、公众考古区域在前，博物馆居中，科技、信息、科研区域在后。博物馆有"珍宝阁"的轮廓和比例，造型极简，无多余装饰，攒尖屋顶内是高位水箱等设备用房。其他建筑带有更多科研建筑特征，建筑形体表现了考古学从碎片样本推理复原

1

1　博物馆与馆前广场
2　总体鸟瞰图
3　总平面图
4　博物馆一层平面图
5　博物馆南立面图
6　博物馆剖面图

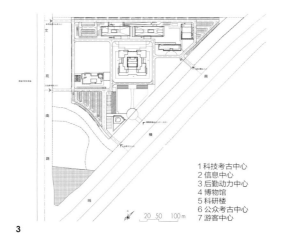

1 科技考古中心
2 信息中心
3 后勤动力中心
4 博物馆
5 科研楼
6 公众考古中心
7 游客中心

20 50 100 m

3

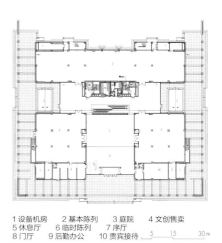

1 设备机房　2 基本陈列　3 庭院　4 文创售卖
5 休息厅　6 临时陈列　7 序厅
8 门厅　9 后勤办公　10 贵宾接待

5　15　30 m

4

5

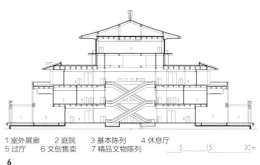

1 室外展廊　2 庭院　3 基本陈列　4 休息厅
5 过厅　6 文创售卖　7 精品文物陈列

5　15　30 m

6

真实历史信息的过程。场地低于周边道路 3~7 m，观众从南入口通过考古桥走到博物馆前广场，桥下三角形用地做田野调查展场和园林绿地，营造具有考古学特征高雅、生态的外部环境。东面借景 700 m 远处的唐净土宗祖庭香积寺塔，向南可远眺 10 km 外终南山子午峪。唐塔、珍宝之馆、终南山为馆园构图三要素。

7 博物馆鸟瞰图
8 博物馆主入口夜景
9 公共休息空间
10 信息中心与科技考古中心
11 馆内景观设计

# 西安博物院

Xi'an Museum

建筑面积　14770 m²
用地面积　21223 m²

西安博物院建在小雁塔的一般保护区和建设控制地带中，因而必须处理好新建筑的布局、体量、形式、风格、色彩等诸方面与荐福寺建筑群，特别是与小雁塔的关系，力求在和谐统一的环境中创造出博物院建筑自身个性、特色。同时，西安博物院建设于 21 世纪初，它应反映出历史文化名城西安当今经济、社会、文化的发展水平。内部空间、功能、设施应先进合理、高效节能。其建筑外观在城市中应具有标志性。在环境方面，新建筑既要与小雁塔及公园互相成景、得景，还应成为城市干道朱雀路上的重要景观，并要经得起基地周围林立的高楼群的审视。

基于以上原则，平面设计是在考虑功能的基础上，塑造协调、标志性形体和个性化内部空间的综合思考中形成的。博物院采用了正方形平面。主入口向东朝向博物院中轴上南门内广场。临时陈列及贵宾入口在北面，经由公园进入。职工入口朝西，设备用房出入口向西。因为文物大多来自基地东南部原有的文物库，所以文物入口也在东侧。首层及二层平面为正方形中空布局。首层外形 60 m 见方，除东、北向两个门厅外，还有基本陈

1  全景鸟瞰图
2  平面图
3  序厅

列室、临时陈列室、报告厅、贵宾接待室、声像资料室、讲解员准备区、安全办公区、厕所等。这些用房均呈正方形环状布置。方形正中为 33 m × 33 m 的中庭。中庭中央是直径 24 m 二层通高的圆形中央大厅。中庭与圆厅之间 4 角为露天绿化庭院，可供室外陈列或参观者小憩休闲之用。二层主要用作临时陈列，为外形 50 m 见方的环形平面。圆厅内二层标高处设有 4 m 宽、内径 16 m 之环形平台，从东、南、西、北四个方向连接着四周的陈列厅，为观众提供可灵活选择陈列厅和可自由休息的开放环境。底层为 80 m 见方的半地下层，以基本陈列为主要内容。因西安博物院是以

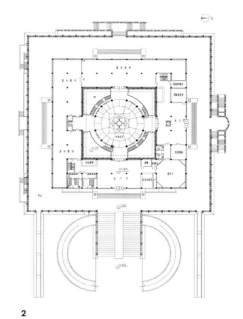

2

3

西安都城发展史为基本陈列主题的，所以除了在首层圆形大厅地面上做有大型西安历史地图外，在底层相对应的位置是为大型唐长安模型而设计的中央陈列大厅。其西边还有两个基本陈列厅和休息厅。此外，底层设有文物库与设备用房。在南侧文物库上空设有夹层，即地面层，主要用作管理办公区，使员工常年都有良好的工作条件。

从建筑造型、细部处理到内部空间、室内设计，设计师们一如既往地追求传统建筑理念与现代功能相结合，传统审美意识与现代审美意识相结合，传统造型规律与现代建筑的技术手段、手法相结合。西安博物院在建筑构成上体现"天圆地方"的传统理念；吸取古代明堂注重全方位形象的完整性，也有如塑造一座现代化楼阁；色彩、风格与小雁塔"和而不同"；方型台座和方形馆体厚重敦实，圆形玻璃大厅从中拔地而起，隐喻着新的历史萌生于厚重的历史积淀之中；中央大厅地面上由彩石镶嵌的大型西安历史地图，上空覆盖着灿烂的莲花顶棚和环以闪烁着金色莲花肌理的玻璃幕墙，体现出一派文化复兴的新气象。

4　主入口透视
5　旋转楼梯
6　从二层看向序厅

## 开封市中意商务区开封市博物馆及规划展览馆

Kaifeng Museum and Planning Exhibition Hall in the Zhongyi Business District

建筑面积 75400 m²
用地面积 50500 m²

中意新区城市设计以中意湖水域为脉，将行政中心、会展会议两中心、博物馆、规划馆、音乐厅、图书馆以及美术馆等公共服务建筑空间节点串联起来，凸显开封"北方水城"的地域特色，围绕湖面设计了以传统建筑的"宫 城 市 阁 院"为主题的城市开放空间体系。

博物馆是开封中意新区的标志性建筑，用地约 50500 m²，建筑面积为 75400 m²（地上 57800 m²、地下 17600 m²），建筑构思充分发掘开封 "城摞城""三重城""四水贯都"的历史资源，并结合宋代建筑"中央殿阁高耸，四周院落环绕"

的组群布置特点进行设计。

主体简洁方正，由外围、环形内院和中心主体三部分组成，格局近似一个拉长的"回"字形，以隐喻北宋开封三重城格局特点，并结合四周较低的建筑，拥簇中央高耸的殿阁，体现宋代建筑组群特征。建筑配合外环水系景观，呼应北宋东京城"四水贯都"的城市特色。

博物馆外墙面的倾斜角度与开封现存城墙遗址比例关系相同，饰以黄金麻石材磨毛面，并以不同高度和宽度进行立面划分设计，通过一系列的错缝、前后凸凹模拟不同

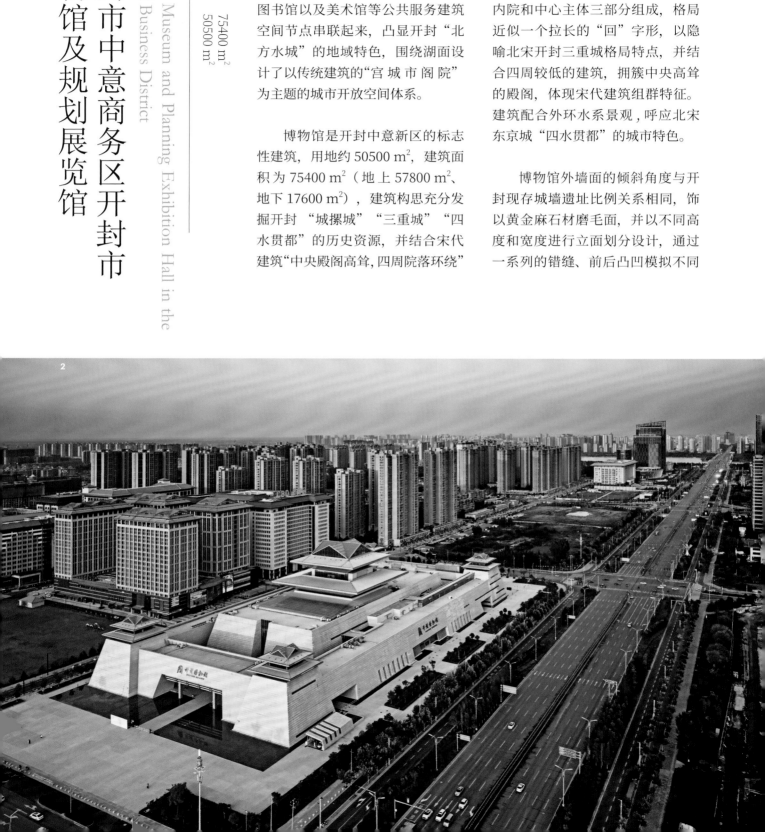

1　开封市博物馆及规划展览馆南侧
2　开封市博物馆及规划展览馆西南侧鸟瞰
3　中意新区城市设计理念示意图

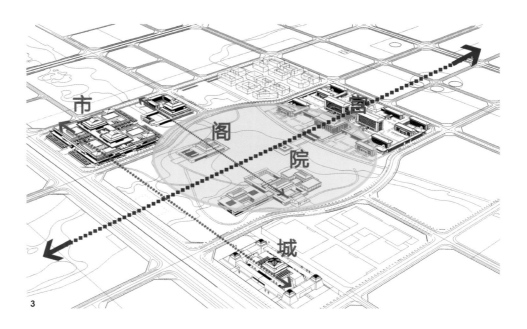

3

4

时期城墙的考古断面，隐喻开封"城摞城"的奇观，从比例、色彩到质感都与开封古城墙形成对话。博物馆是历史文化类建筑，这一设计充分体现出城市的叠压乃是文明的叠压。

建筑沿东西向中轴对称排布，从前区广场到半开敞环形庭院，进入室内中庭和中央塔楼，内部展厅围绕中央呈"回"字形组织，空间开合变化，内外交替。观众从一二层的博物馆游

4　西侧主入口与水系设计
5　叠压感的倾斜外墙
6　与斗拱呼应的西部设计

覧到三层规划馆，从下至上，可先了
解开封城的厚重积淀，再展望未来，
形成完整的心理体验，将两馆合一的
劣势转化为优势。

开封市博物馆及规划展览馆"外
广场、大水面、内庭院"的空间组织，
统一中求变化，既继承传统又令人耳
目一新，打造出"外在古典，内在时尚"
的"新宋风"风格。

7 入口大厅
8 主入口水池与门廊
9 主入口立面局部
10 一至三层平面图
11 剖面图

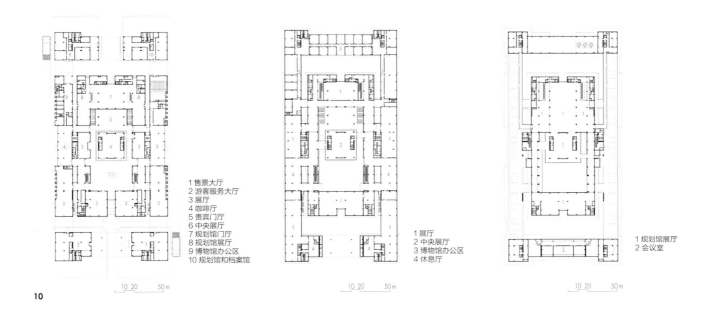

1 售票大厅
2 游客服务大厅
3 展厅
4 咖啡厅
5 贵宾门厅
6 中央展厅
7 规划馆门厅
8 规划馆展厅
9 博物馆办公区
10 规划馆和档案馆

1 展厅
2 中央展厅
3 博物馆办公区
4 休息厅

1 规划馆展厅
2 会议室

10

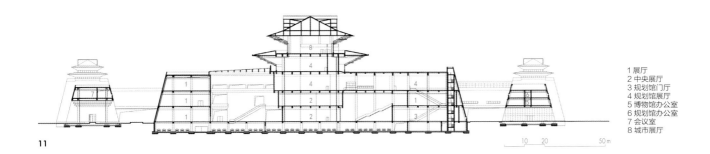

1 展厅
2 中央展厅
3 规划馆门厅
4 规划馆展厅
5 博物馆办公室
6 规划馆办公室
7 会议室
8 城市展厅

11

建筑面积　144858 m²
用地面积　225409 m²

# 南阳三馆一院

Nanyang "Three Museums & One Academy" Project

南阳三馆一院包括南阳大剧院、南阳博物馆、南阳图书馆和南阳群众艺术馆四部分。项目濒临白河，位于城市老区与新区交会处，具有极佳的区位优势，将四大功能分别两两结合，形成两个体量巨大的单体，成为白河岸边的城市标志性建筑。通过对场地的整合，营造开放的城市公共空间，提升城市品质。本工程用地面积为 225409 m²，建筑面积为 144858 m²，其中地上建筑面积为 142410 m²，地下建筑面积为 2448 m²。博物馆、图书馆项目位于白河大道与光武路交口的西北角地块。总用地面积为 113481 m²，总建筑面积为 82110 m²，其中地上建筑面积 81110 m²，地下建筑面积为 900 m²，博物馆由公共大厅、藏品库区、陈列展示区、技术区、观众服务设施及交通、行政办公区及其他用房等部分组成。图书馆由藏书空间、阅览空间、多功能学术报告厅、公共服务空间、行政办公用房及业务部室等组成。

大剧院、群艺馆项目位于白河大道与光武路十字的东北角地块，总用地面积为 111928 m²，总建筑面积 62848 m²，地上建筑面积 61300 m²，地下建筑面积 1548 m²，南阳大剧院定位为乙等剧场。由 11200 座席的剧场、500 座多功能小剧场、商业及餐饮服务厅、行政管理、业务办公及后勤用房等组成。群艺馆部分由群艺馆和展厅组成。其中群艺馆由活动中心用房、非物质文化遗产中心、业务用房、管理用房和辅助用房等组成。

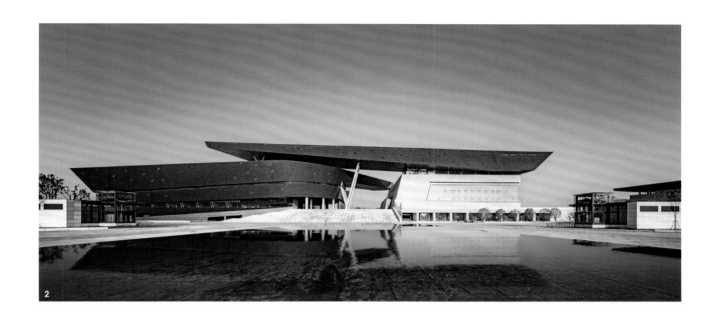

1 总体鸟瞰图
2 博物馆、图书馆立面
3 图书馆、博物馆二层组合平面图
4 图书馆、博物馆二层组合剖面图

**3**

1 贵宾接待　　　5 美术制作室　　　9 售票　　　　13 目录检索大厅　　17 书库
2 设备室　　　　6 展厅　　　　　　10 入口门厅　　14 前台办公区　　18 儿童阅览区
3 会议室　　　　7 观众休息　　　　11 咨询服务　　15 中庭　　　　　19 购书中心
4 办公区　　　　8 庭院　　　　　　12 结构夹层　　16 盲人图书室　　20 办公门厅

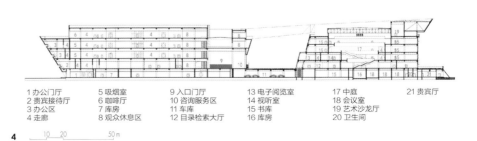

**4**

1 办公门厅　　　5 吸烟室　　　　　9 入口门厅　　　13 电子阅览室　　17 中庭　　　　21 贵宾厅
2 贵宾接待厅　　6 咖啡厅　　　　　10 咨询服务区　　14 视听室　　　　18 会议室
3 办公区　　　　7 库房　　　　　　11 车库　　　　　15 书库　　　　　19 艺术沙龙厅
4 走廊　　　　　8 观众休息区　　　12 目录检索大厅　16 库房　　　　　20 卫生间

5 博物馆与图书馆公共平台
6 博物馆透视图
7 博物馆门厅
8 图书馆中庭

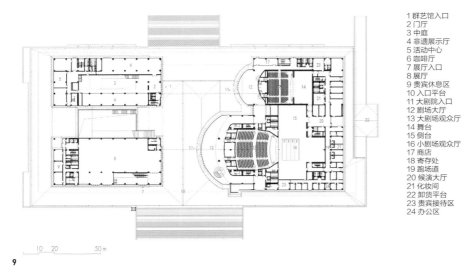

1 群艺馆入口
2 门厅
3 中庭
4 非遗展示厅
5 活动中心
6 咖啡厅
7 展厅入口
8 展厅
9 贵宾休息区
10 入口平台
11 大剧院入口
12 剧场大厅
13 大剧场观众厅
14 舞台
15 侧台
16 小剧场观众厅
17 商店
18 寄存处
19 跑场道
20 候演大厅
21 化妆间
22 卸货平台
23 贵宾接待区
24 办公区

10  20      50 m

9

10

9　群艺馆、大剧院二层组合平面图
10　群艺馆、大剧院立面
11　群艺馆、大剧院檐下空间

本项目功能复杂多样，设计难度高，建成后成为南阳新地标，充分带动了新区经济和城市发展。

博物馆旋转上升式大层高展览空间的营造采用新技术 BRB 支撑以及博物馆外倾斜面建筑造型的钢结构方案，大悬挑、多结构形式的钢结构屋盖结构设计。大剧院群艺馆存在屋面连体和结构腰间连体结构，通过大尺度空间网架和桁架设置，实现组合施工。

施工期间在部分内容中充分利用 BIM 技术，及时快速地完成进度并节省了造价。

本项目基于建筑功能、造价可控、施工便利等因素，主体结构采用钢筋混凝土框架结构，但针对支撑屋盖连体、楼面穿层等部位采用的型钢混凝土结构，有效弥补了地震区建筑采用的钢筋混凝土抗震能力不足的问题。同截面条件下，型钢混凝土构件的承载能力远远高于钢筋混凝土构件的承载能力。采用型钢混凝土，对高层建筑而言，竖向构件截面的减小可以增加使用面积、层高，并获得更好的使用体验，综合经济效益显著，同时解决了结构限制使用空间的技术难题。

本项目除采用经济、合理的主体结构体系外，考虑建筑功能、造型等因素，合理运用了型钢混凝土构件、钢桁架、钢网架、屈曲约束支撑(BRB)、球形隔震支座、橡胶隔震支座等新材料和新技术，实现了建筑布局、空间、造型的文化特色，为建筑高品质完成打下基础。

13 大剧院观众厅
14 群艺馆中庭
15 群艺馆、大剧院剖面图
16 大剧院门厅

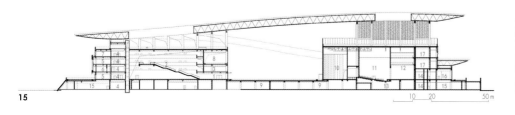

15

1 门厅          10 剧场大厅
2 中庭          11 观众厅
3 摄影棚        12 舞台
4 电梯厅        13 静压仓
5 活动中心      14 卫生间
6 琴房          15 操作间
7 工作室        16 休息间
8 排练厅        17 练习室
9 车库

10  20          50 m

建筑面积 1178 m²
用地面积 4200 m²

华清宫位于临潼区骊山北麓，南依骊山，北临渭水，东距西安30 km。自周幽王修建郦宫至唐代几经营建，先后有"骊山汤""离宫""温泉宫"之称。李隆基诏令环山列宫殿，宫周筑罗城，赐名"华清宫"，亦名"华清池"。安史之乱后，建筑残存无几。宋、元、明、清至民国逐渐衰败。新中国成立后，几经扩建，渐具规模，形成民国年间即有的五间厅庭院与新中国成立后陆续建成的现代温泉浴室构成的东区和1959年建成的"九龙汤"与随后增建的温泉宾馆构成的西区。

唐御汤遗址博物馆是一组保护和展示华清宫内皇家御汤的遗址博物馆。遗址用地4200 m²，其地坪低于现华清宫游览地坪1.5~2.4 m。设计着意保留这一地形高差，以反映历史变迁之巨大。每个展厅覆盖一个汤池遗址。

建筑的形制亦根据遗址上留存的柱础而定，呈唐风。

1982年至1985年在东区与西区之间，经考古发掘清理出5个汤池遗址。经专家论证确认为盛唐华清宫御汤遗址，包括"星辰汤"（唐太宗用）、"莲花汤"（唐玄宗用）、"海棠汤"（杨贵妃用）、"太子汤"、"尚食汤"（大臣用）。这是隋唐考古发现的重大成果。西安市根据中央领导指示兴建了保护与展示工程。

遗址显示出，每个汤池占据一栋独立的建筑，因而设计采用了每个汤池遗址上对应建一个展厅的方式，并根据遗址显示的开间、柱距等确定展厅平面形制和大小，风格一律采用唐风。设计着意把"温泉总源"这一华清宫唯一现存可见的历史真迹组织在

1　总平面图
2　华清池鸟瞰
3　从馆前平台看馆区1
4　从馆前平台看馆区2

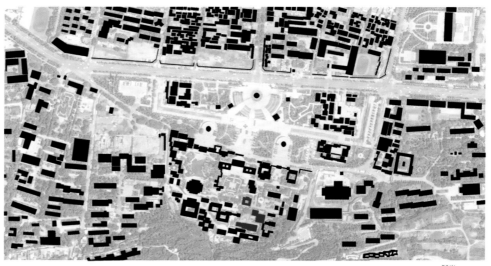

1                                                        50米

展区之内。由于御汤遗址区地坪低于现华清池游览区地坪 1.5~2.4 $m^2$，设计保留了这一地形高差，以显示历史环境的变化。

通过每个展厅的剖面设计妥善安排了汤池遗址、参观平台和室外台基标高的关系，从总体上组织了高低错落、系统完整的参观流线，在华清池中也形成了一组具有历史文化风情的成景、得景的遗址博物馆建筑。

1982 年，华清池被列入全国重点风景名胜区。同年 2 月，西安事变旧址五间厅被列为全国第二批重点文物保护单位。1996 年，国务院公布华清宫遗址为第四批全国重点文物保护单位。1998 年，华清池跻身百家"中国名园"之列。

5　莲花汤及海棠汤陈列厅
6　莲花汤陈列厅
7　自西侧俯视全景
8　莲花汤展厅内景

# 辽上京博物馆

Museum of Upper Capital of Liao

建筑面积 14818 m²
用地面积 34300 m²

巴林左旗地处内蒙古自治区赤峰市北部，是契丹辽文化的发祥地，现存博大的辽代都城遗址是 10 至 12 世纪契丹民族所建立的大辽帝国璀璨文明的独特见证，是辽代第一座京城，城附近现存佛塔遗址 3 处。上述"城与塔"为辽上京城空间营造了显著特征，对博物馆设计理念的形成产生了重要的启示。

辽上京博物馆用地 34300 m²，建筑面积为 14818 m²，高 22.45 m，地上 3 层。主体方正的"回"字形布局外围由展厅串联而成。中心为开放的院落。虚实结合的布局隐喻上京外廓城。将展厅和文物藏品库房设计成半掩土的建筑形式，在面向遗址的东南方向形成缓坡地形，使博物馆的下半部分被绿坡遮挡。

建筑仿佛蛰伏于草原中，只显露出面对文化产业园中轴线的西面，成为博物馆完整显露的主入口面。

该项设计着眼于寻找基地与上京城的隐含关联，遵从总体保护规划中的限高要求，尽量分解、压低主体，突出各建筑体量之间的穿插、砌筑，如同巨石搭建而成，具有独特的地域个性色彩，再配合标志性的观光塔与遗存的南北二塔遥遥相对，将历史和现代连为一体，整体构成博物馆古拙、刚健、质朴的建筑特色。

建筑的初始概念源于辽上京"城与塔"的空间特点，设计顺其自然，将上京城的城市空间特点适度地转换

1　西南方向鸟瞰图
2　建筑与遗址关系及总平面图
3　面对演艺广场西侧主入口

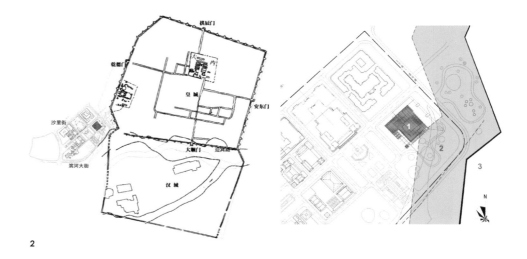

2

成建筑语汇。建筑与遗址在草原上"同根同源"，共同继承和发展，使博物馆最大限度地同周边环境和谐统一。

博物馆与草原、遗址交相呼应，共同建构起规模广阔、气势雄伟的独特形象。

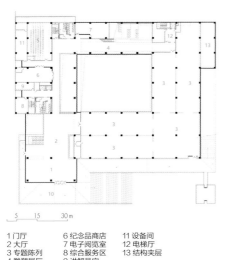

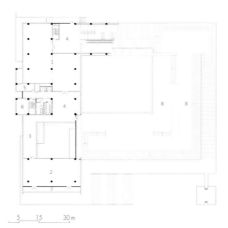

| 1 门厅 | 6 纪念品商店 | 11 设备间 |
| 2 大厅 | 7 电子阅览室 | 12 电梯厅 |
| 3 专题陈列 | 8 综合服务区 | 13 结构夹层 |
| 4 雕塑展厅 | 9 讲解员室 | |
| 5 多媒体展厅 | 10 屋顶平台 | |

**4**

| 1 专题陈列 | 5 讲解员室 |
| 2 城市展厅 | 6 综合服务 |
| 3 展廊 | 7 观景阳台 |
| 4 休息厅 | 8 屋顶平台 |

**5**

| 4 | 一层平面图 |
| 5 | 二层平面图 |
| 6 | 西立面 |
| 7 | 塔身设计细节 |
| 8 | 从遗址回望博物馆 |

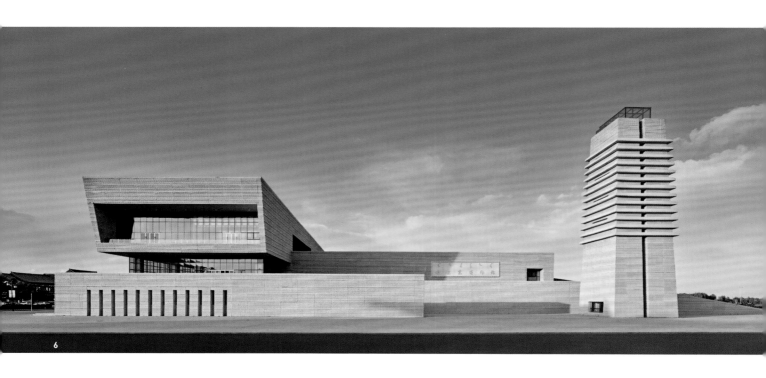

9 　立面横向拉毛材质
10　剖面图
11　立面细节
12　内庭院
13　三层休息厅望向屋面观景平台
14　一层休息厅围绕内院
15　北立面

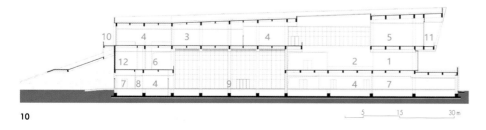

10

1 门厅
2 大厅
3 专题陈列厅
4 休息厅
5 城市展厅
6 休息廊
7 门廊
8 走廊
9 中庭
10 室外平台
11 观景阳台
12 卫生间

5　　15　　30 m

# 须弥山博物馆

建筑面积 5558 m²

Xumishan Museum

场地位于宁夏回族自治区固原西北 55 km，原州区须弥山 5 号石窟大佛楼东南，寺口子河南岸，三须路北。大佛楼造像高 20.6 m，唐武则天时期在砂崖上开凿。寺口子河低于场地约 40 m。大佛楼地面比场地高约 8 m。寺口子河又称石门水，水岸两侧须弥沟深约 25 m，有经典的红色丹霞地质风光。

20  50   100 m

1

2

1 总平面图
2 正立面
3 立面图（组图）

佛教世界的中心是大海中的须弥山。须弥山和山腰日月、四方四岳构成一个世界。一千个这样的世界为一小千世界；一千个小千世界为一中千世界；一千个中千世界为一大千世界，一大千世界是一个佛陀教化的国土。

以保留须弥山石窟原始地景的真实性和完整性为原则，博物馆主体藏于地下，用地西部正对大佛楼的空地留白，作为观看大佛楼的观景点。用地东部是博物馆屋面五座正方形单层石塔，主塔居中央，小塔在四方，象

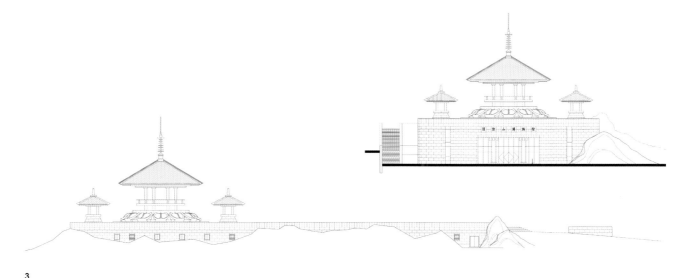

3

4 平面图

4

5    15    30 m

4

征世界中心须弥山。主塔高 14 m，塔刹高 9 m，主塔底座平面为圆形，为 48 瓣莲花造型。须弥山"轴线对称、主从有序"的组合方式产生永久、恒定的空间感受。

观众从三须路下台阶，从场地东端馆前广场进馆，从序厅向东经过一个狭长的大台阶通道，来到博物馆屋面，视野顿时开阔，空间和尺度上均产生强烈的对比，观者的情绪亦为戏剧化的空间所感染。站在屋面平台上与大佛楼隔水相望，顿生禅意，仿佛超然于喧嚣的红尘之外。

4　平面图
5　全景远眺
6　南侧远眺
7　构造细部

5

# 川陕革命根据地纪念馆

Memorial Hall of Sichuan-Shaanxi Revolutionary Base

建筑面积　4310 m²

1 纪念馆
2 红星纪念庭院
3 纪念碑
4 纪念广场
5 国旗台
6 风景区浮雕崖
7 公厕
8 浅水池
9 风景区大门
10 入口服务设施、商店
11 停车场
12 池塘

1

该建筑与红寺湖风景区山水环境相协调，并与陕南地域文脉相匹配。设计师采用类似"大地艺术"的手法，采用建筑与环境融为一体，建筑、雕塑、广场、景观、山水一体化的设计策略。建筑形象质朴、雄浑、庄重、大气，和山水环境共同体现川陕革命历史的精神和气质，激发人们对革命先辈的缅怀。建筑设计以红星为母题。红星纪念庭院为建筑的核心。纪念碑上部的红星则是环境的灵魂。设计团队充分考虑环保、节能、生态影

响等方面，采用合理的技术手段，建设国内同类一流的展示空间；采用较成熟的屋面种植技术，使得建筑与山坡融为一体，同时具有很好的节能效果，且节约运营费用。

1 总平面图
2 主入口
3 鸟瞰图
4 一层平面图
5 剖面图

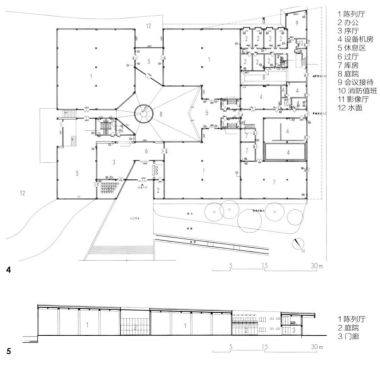

1 陈列厅
2 办公
3 序厅
4 设备机房
5 休息区
6 过厅
7 库房
8 庭院
9 会议接待
10 消防值班
11 影像厅
12 水面

4

5 15 30 m

1 陈列厅
2 庭院
3 门廊

5

5 15 30 m

本项目位于山东省青州市凤凰山路与仰天路交口东北角，项目用地 105608 m²，建筑面积为 50934 m²，其中地上 31445 m²，地下 14978 m²，地上 5 层，地下 1 层，总高度为 45.375 m。

博物馆主楼位于场地北部。博物馆主入口位于正南方。人们可以通过大台阶由二层进入。主入口的两侧是标准展厅。通过中庭南侧的自动扶梯，人们可以上至三层、四层的展厅。三、四层每层有三个展厅。二至四层层高 6.9 米。博物馆五层为城市客厅，层高 7.2 米；博物馆一层设置单独的临时展厅，同时布置有商业和培训、报告厅等功能厅，层高 6.9~7.8 m。在北侧一层、夹层及负一层设有文物库房及文物修复办公空间等，层高 3.9~4.5 m，与陈列区分别设专用通道相联系。贵宾出入口位于一层的东侧。商业入口位于西侧偏南。培训入口位于东侧偏南。货运出入口位于一层东侧中部。地下一层为停车场和设备用房以及文物库房，层高 4.5~5.7 m。办公楼建筑面积 4511 m²，地上为两层，建筑高 13.40 m。建筑位于博物馆东侧，以四合院建筑形式呈现。办公区主入口朝南，与博物馆分开单独设置，二层有连廊联通，主要为后勤办公及餐

1

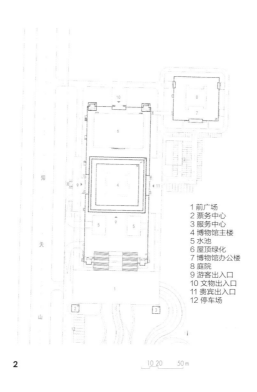

**2**                                                10 20      50 m

**3**                                                 5  15    30 m

1 前广场
2 票务中心
3 服务中心
4 博物馆主楼
5 水池
6 屋顶绿化
7 博物馆办公楼
8 庭院
9 游客出入口
10 文物出入口
11 贵宾出入口
12 停车场

1 观众主入口
2 门厅
3 中庭
4 序厅
5 展厅
6 文物库区入口
7 库前区
8 文物库房
9 安防中心
10 贵宾入口
11 贵宾室
12 4D 影厅
13 培训入口
14 青少年活动室
15 会议室
16 报告厅
17 商业区
18 办公区
19 培训区
20 餐厅商业入口
21 餐厅
22 后厨操作区

1　外立面效果
2　总平面图
3　一层平面图
4　南立面夜景

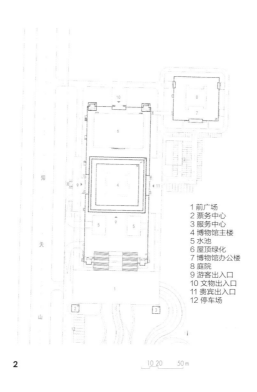

**4**

5 中庭铜雕
6 主楼立面图
7 主楼剖面图
8 文创商店
9,10 展厅内部

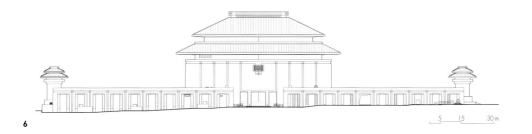

6

7

1 观众主入口　2 门厅　3 中庭　4 序厅　5 展厅　6 休息厅　7 城市客厅　8 文物库区入口　9 库前区　10 文物库房
11 设备　12 报告厅　13 餐厅　14 地下停车库

厅配套，层高 5.1 m。

建筑造型以抽象凝练的方式向传统文化表达敬意。形体比例遵循传统，以简约的金属瓦屋面表现传统大屋顶，立于高台之上。建筑布局遵循"中央殿堂、四隅阙楼"的中国传统建筑布局形式。建筑沿街立面以稳重的浅灰色石材为主，给人以稳定永恒的感觉，前部的大踏步形成气势，使建筑显得庄严肃穆；办公区形体简洁大气，与主立面元素相统一。设计师注重博物馆的景观朝向，人们站在一层的屋顶和五层的环形室外平台可以将四周景色尽收眼底。建筑的中庭作为功能核心空间，将建筑一至四层有序连接。办公区围合形成内院，人们在此办公可以充分享受阳光和自然。院落景色相互渗透形成对景。博物馆与办公区之间以连廊相衔接形成丰富有趣的公共区域。

# 鄂尔多斯青铜器博物馆

Ordos Bronze Ware Museum and Archives

建筑面积　29789 m²
用地面积　55915 m²

　　拟建的鄂尔多斯青铜器博物馆处于鄂尔多斯东胜区的门户位置，用地为由 109 国道、鄂托克西街和越山路围合的三角形地块，地理位置十分显要，交通方便，极具景观特色。

　　整体性：将不同功能一体设计，使之形成一个整体的建筑形象。

　　实用性：切实满足各个建筑部分的功能要求。

　　地域性：适应当地的自然条件，从鄂尔多斯传统文化中汲取设计元素。

　　时代性：反映以人为本、可持续发展等先进的设计理念。充分考虑节能、环保。

　　标志性：在尊重环境的同时形成地标式建筑。

　　在三角形的用地范围内，椭圆形建筑占用西侧的一个顶角。建筑主入口面对东边的城市方向，留出东侧一条完整的长边作为场地的主要出入口及入口广场。建筑的车行道路沿建筑外围环形设置，自成一体。人行步道从主入口广场进入，沿内环道路进入各不同使用功能的单元。

　　本项目地处城市入口位置，是进入鄂尔多斯市区的第一栋公共建筑，其重要的地理位置和建筑本身承载的

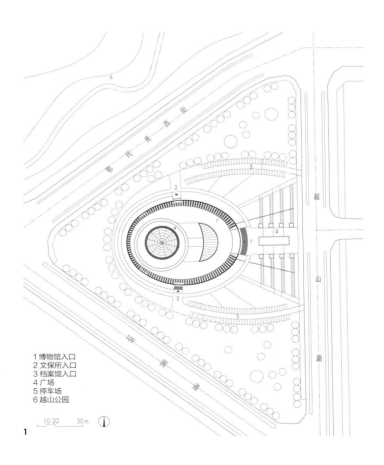

1 博物馆入口
2 文保所入口
3 档案馆入口
4 广场
5 停车场
6 越山公园

10 20　　50 m

1

1  总平面图
2  鸟瞰图
3  透视图

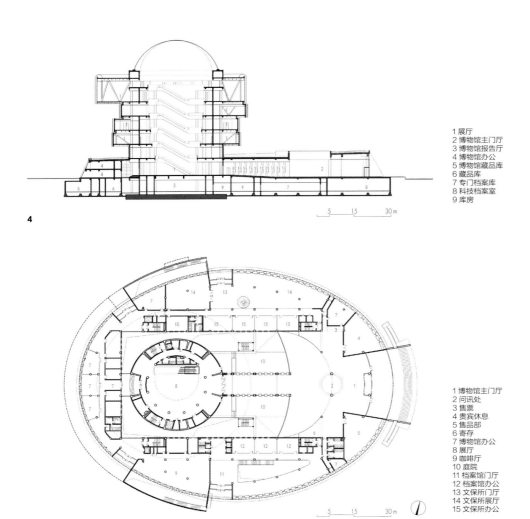

1 展厅
2 博物馆主门厅
3 博物馆报告厅
4 博物馆办公
5 博物馆藏品库
6 藏品库
7 专门档案库
8 科技档案室
9 库房

4

1 博物馆主门厅
2 问讯处
3 售票
4 贵宾休息
5 售品部
6 寄存
7 博物馆办公
8 展厅
9 咖啡厅
10 庭院
11 档案馆门厅
12 档案馆办公
13 文保所门厅
14 文保所展厅
15 文保所办公

5

文化意义决定了建成后的青铜文化博物馆将成为一个地标性建筑，一个造型独特的、与环境融合共生的、体现当地独特历史文化的建筑。

鄂尔多斯青铜文化时代的深厚底蕴孕育出了灿烂的草原文明，因此，设计师以重塑地形为手法将裙房设计为建筑基座，将裙房屋面设计为绿化屋面，使之与周边环境融为一体。裙房周边装饰以青铜幕墙，犹如青铜之根一般根植于大地，象征着深厚的青铜文化。主楼从镇馆之宝"匈奴王冠"中获得灵感，以现代手法融合地域文化解构重组，将其抽象、简化、错动，塑造出独特的具有空间雕塑感的建筑形象，表面覆以金色的金属幕墙，象征着灿烂的草原文化。设计师从匈奴王冠以及蒙古大帐中汲取元素设计穹顶，使之成为建筑顶部的明确标志。

4 剖面图
5 一层平面图
6 裙房表皮
7 主楼表皮

敦实厚重的裙房和灵动飘逸的主楼取传统重檐楼阁之势，加上雍容华贵的表皮，轻盈通透的穹顶，丰富展现了鄂尔多斯地区特有的青铜、地域文化。传统与现代的有机结合，形成高贵典雅又质朴大气的建筑风格。

裙房周边为青铜板幕墙，其样式是从鄂尔多斯青铜器中的经典纹饰抽象而设计的。青铜板上阴刻了羊头纹、云纹等典型的鄂尔多斯青铜器纹饰。

主楼的金色金属幕墙由六边形镂空三虎纹单元拼接而成，其基本纹饰来源于馆藏的镂空虎纹青铜管型节。穹顶纹饰源自蒙古族大帐传统的云纹纹饰。

整个建筑采用椭圆形集中式布局，

主要功能流线沿东西向长轴展开，轴线两侧设置了两个庭院，活跃了建筑空间并给内部建筑部分提供了充足的采光和通风。博物馆主入口位于建筑长轴东侧，紧临入口广场。人们经由主入口进入入口大厅。博物馆内设服务中心、问询台等处。入口大厅后的月牙形大厅是游客的集散中心。顶部透明的采光顶和面向庭院的玻璃幕墙可以让游客在休息的同时欣赏主楼辉煌的外观。继续穿过有如时空隧道般的青铜之路即到达建筑流线的高潮——圆形中庭。博物馆的核心展厅围绕这里布置，而各层之间由自动扶梯相互联系。轻盈通透的穹顶覆盖在中庭之上，使得建筑内外交融，引人遐思。

博物馆办公区位于建筑西侧。藏

品库及学术交流部位于地下一层。建筑南北两侧分别布置了部分档案馆及文保所。

项目所在地阳光辐射强烈，昼夜温差大。设计师采用外部封闭、内部开敞中庭的布局方式以减小气候对建筑内环境的影响。主楼外挂镂空金属表皮形成的遮阳效果减少了太阳辐射对墙体的辐射热。裙房的种植屋面既美化了环境，又增加了裙房屋面的热阻，起到了良好的保温隔热作用。

鄂尔多斯青铜器博物馆的设计致力于追求现代建筑的地域化和民族化，从色彩、形式到细节均根植于这片土地，而极具雕塑感的形象犹如王者之冠，必将成为鄂尔多斯市新的城市地标。

8　中庭
9　仰视中庭天窗
10　边厅
11　边厅二层走廊

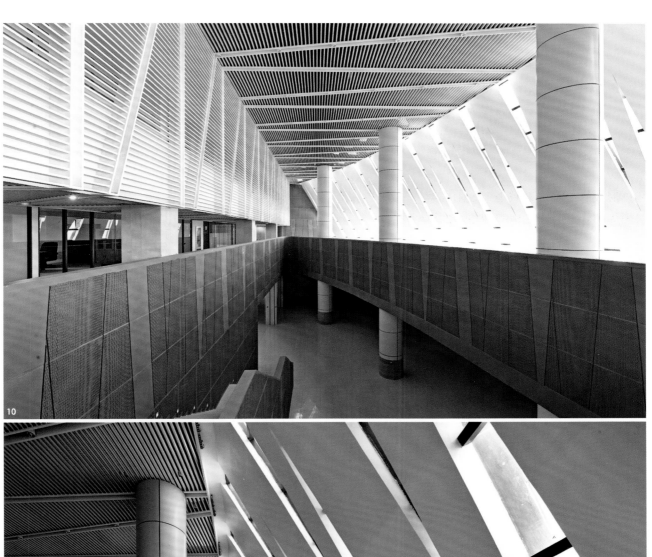

# 平凉博物馆

Pingliang Museum

用地面积　84112 m²
建筑面积　22325 m²

1 入口广场
2 金水桥
3 博物馆
4 专用停车位
5 小汽车停车位
6 大客车停车位
7 自行车棚

20　50　　100 m

**2**

1 鸟瞰图
2 总平面图

## 建筑与自然和谐

平凉博物馆临泾河而建，背靠龙隐寺山脉，背山面水，依托自然环境资源，通过特色传统空间规划形成秩序感。通过自然环境、地形条件结合建筑的空间，依山就势、顺应自然，营造有节奏有层次感的纪念性空间。

规划布局遵循"中轴对称、方正严整"的原则，南北以引道为轴线，串起前导空间和博物馆主体，形成了隆重的礼仪轴线。总平面由入口广场、馆前广场、博物馆、景观园林共同组成。入口广场位于场地中轴线南端，馆前广场与博物馆周边环路相联通，一条

3 m 宽的自然水系蜿蜒曲折横穿广场，与东侧龙隐寺公园水系连成一体。游客从入口广场经金水桥到达馆前广场，两侧密植树木烘托古朴的气氛，慢慢行至大台阶，核心建筑跃然眼前，庄严肃穆，气势宏伟。

## 建筑与城市和谐

台是古代举行重大仪式的场所。古人登高以阅兵、祭祀。道教崇尚登高台以敬天地、观星望气，为礼制建筑之用。主体建筑坐落于挺拔的高台之上，比喻城墙壁垒，象征着集中式的威严，展现平凉的历史沧桑。博物馆临河而建，地下水位较高，建筑整体抬起有利于汛期防洪。

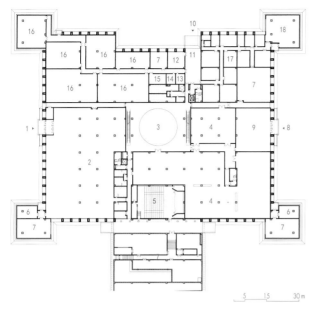

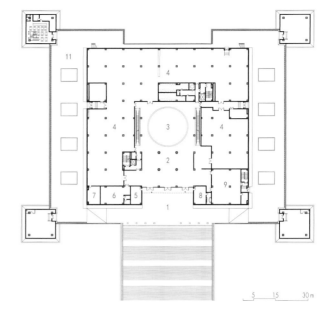

| | | |
|---|---|---|
| 1 展览馆入口 | 6 装具库 | 11 卸货平台 | 16 文物库房 |
| 2 展览馆 | 7 设备用房 | 12 消控中心 | 17 文物修复用房 |
| 3 中厅 | 8 儿童体验馆入口 | 13 值班室 | 18 动力中心 |
| 4 陈列展厅 | 9 儿童体验馆 | 14 监控室 | |
| 5 报告厅 | 10 办公区及藏品库入口 | 15 周转库 | |

**3**

| | | |
|---|---|---|
| 1 博物馆主入口 | 5 票务用房 | 9 商务中心 |
| 2 门厅 | 6 贵宾用房 | 10 储藏室 |
| 3 中厅上空 | 7 管理用房 | 11 屋面平台 |
| 4 陈列展厅 | 8 存包值班 | |

**4**

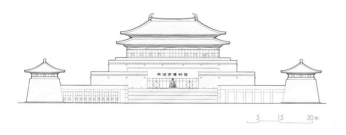

**5**

1 博物馆主入口　2 门厅　3 中厅　4 陈列展厅　5 多功能厅　6 屋面平台
7 卫生间　8 库房

**6**

3 一层平面图
4 二层平面图
5 南立面图
6 剖面面
7 西侧鸟瞰图

传统建筑所表现的空间美和传统的空间意识分不开。环形中庭作为博物馆的核心区域，顶部覆以装饰有螺旋形格栅的采光穹顶，光影变幻，体现"虚实有无""道生一，一生二，二生三，三生万物"的道家思想，展示"天圆地方、大象无形"的传统空间之美。

传统营建重在寻找自然山水的秩序。博物馆建筑造型层层退台拟形崆峒山特有的丹霞地貌，核心体量犹如在重峦叠嶂的山间拔地而起，建筑与山川形胜，整体形象与环境融为一体。

陆上丝绸之路始于西汉，到唐代空前繁荣。汉唐是中华民族历史上最辉煌的时代。在今天中华民族伟大复兴之际，地处汉唐陆上丝绸之路重要节点的平凉博物馆，从唐文化提炼自己的文化图腾。现代技术与古典风韵相融合，在风格上进行创新突破，挖掘历史、把握当代、面向未来，展现全新的平凉文化形象。

8 西立面
9 南入口
10 天圆地方
11 中庭

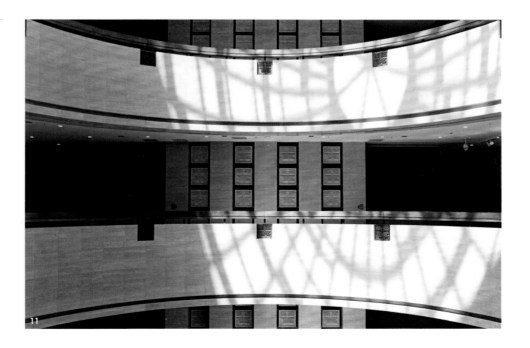

# 安康博物馆

Ankang Museum

建筑面积 14825 m²
用地面积 31702 m²

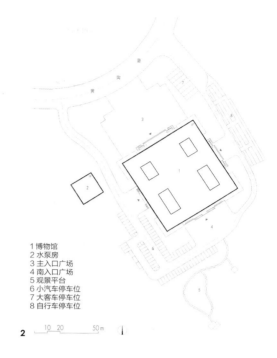

1 博物馆
2 水泵房
3 主入口广场
4 南入口广场
5 观景平台
6 小汽车停车位
7 大客车停车位
8 自行车停车位

2　　　10　20　　　50 m

安康市在陕西省最南边，古称金州，山水灵秀，被称为"秦头楚尾，一大都会"，城市文化体现三秦、荆楚、巴蜀文化的交汇融合。

项目用地位于安康市安康大道与黄沟路交会处，用地北面与黄沟路平接，其他各面远高于相邻地块，东南面陡坡下汉江一江清水向东流过。

设计以"高台临江、秦地楚风、四面成景"为主旨，营造"楼台晚映青山廓"的诗情画意。

高台平面为正方形，69 m 见方，3层共高 18 m，被四方墩台托起，墩台根部 17 m 见方，斜墙坡度为 1:9。雄浑厚重有力的高台象征秦地古拙质朴。高台中央和四方墩台上做高阁，一主四

辅，主从有序，四面成景，高低错落，飘逸灵秀。意象取自安康街景旧照。高台是市民和游客欣赏一江两岸自然风光和城市景观的最佳观景点，在江北景观带的起点，以恒定古典的构图和简洁现代的形象从城市背景中脱颖而出。

高台内是博物馆的展厅、藏品库房、科研办公区等主要使用空间。借鉴陕南内天井做法，高台内设 4 处内天井，丰富观众参观空间体验，为管理办公空间提供自然采光通风。高阁为游客服务。中央主阁攒尖顶内藏消防水箱等设备。

浅色花岗岩高台、清水玻璃、深灰色铝镁锰合金屋顶和线脚，与青山绿水一同构成浓浓的陕南秦地楚风理想城市画面。

1 沿汉江看博物馆
2 总平面图

3　主入口
4　汉江夜景
5　一层平面图
6　二层平面图

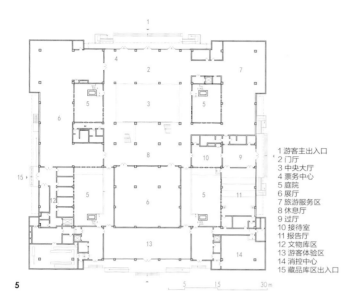

1 游客主出入口
2 门厅
3 中央大厅
4 票务中心
5 庭院
6 展厅
7 旅游服务区
8 休息厅
9 过厅
10 接待室
11 报告厅
12 文物库区
13 游客体验区
14 消控中心
15 藏品库区出入口

5

5　15　30 m

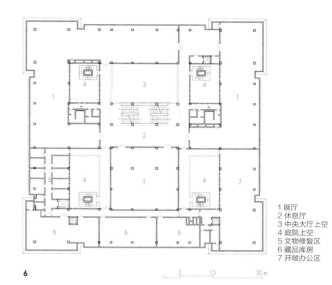

1 展厅
2 休息厅
3 中央大厅上空
4 庭院上空
5 文物修复区
6 藏品库房
7 开敞办公区

6

5　15　30 m

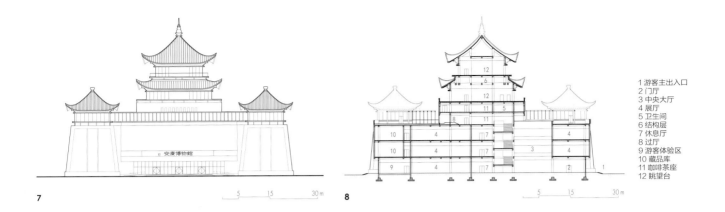

7

8

1 游客主出入口
2 门厅
3 中央大厅
4 展厅
5 卫生间
6 结构层
7 休息厅
8 过厅
9 游客体验区
10 藏品库
11 咖啡茶座
12 眺望台

7  立面图
8  剖面图
9  博物馆建筑细节
10  从主入口方向看
     博物馆与汉江
11  博物馆鸟瞰图
12  立面材质

建筑面积 5369 m²
用地面积 19945 m²

# 鲁甸县龙头山镇抗震纪念馆及地震遗址公园

Earthquake Memorial Hall and Earthquake Site Park, Longtoushan Town, Ludian County

2014 年 8 月 3 日 16 时 30 分，在云南省昭通市鲁甸县龙头山镇（北纬 27.1 度，东经 103.3 度）发生 6.5 级地震，地震共造成 617 人死亡，112 人失踪，3143 人受伤。地震发生后，党中央、国务院高度重视，国家主席习近平、国务院总理李克强均前往灾区察看灾情。我们于 2016 年 4 月接到设计任务，对鲁甸县龙头山镇地震遗址公园及抗震纪念馆进行规划及建筑设计。

原计划用地选址于龙头山镇通往鲁甸县城的出入口——骡马口广场附近。通过对龙头山镇现状的分析，我们认为骡马口广场作为龙头山镇的出入口地理位置固然重要，

但用以表现地震这一主题显得牵强。且龙头山镇震损建筑大部分已被拆除清理，灾后恢复工作尤其是住宅、学校等基础设施建设也已基本完成，整个龙头山镇只剩原龙头山镇政府震后成为震损建筑已无法继续使用且尚未拆除，而且其前方恰好遗留了一块还未来得及建设的坡地，我们希望利用这块坡地并将原镇政府作为地震遗址公园的核心，作为这座城市的群体记忆保留下来。通过多方努力及多方案比对，最终按照我们的意见调整了选址。

龙头山镇灾后重建工作力度很大，但除骡马口广场外，用于市民活动的公共空间比较少。我们希望

1  全景鸟瞰图
2  北侧鸟瞰图
3  总平面图

2

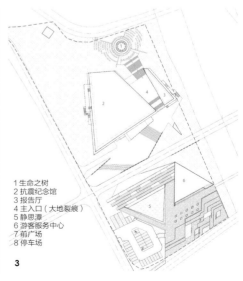

3

1 生命之树
2 抗震纪念馆
3 报告厅
4 主入口（大地裂痕）
5 静思潭
6 游客服务中心
7 前广场
8 停车场

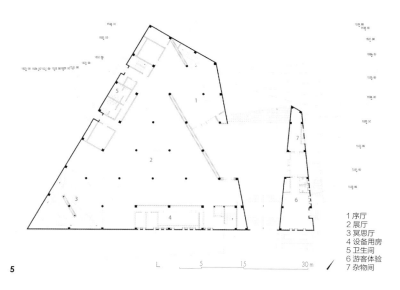

4 西南方向鸟瞰图
5 一层平面图
6 游客服务中心室内
7 静思潭

1 序厅
2 展厅
3 冥思厅
4 设备用房
5 卫生间
6 游客体验
7 杂物间

5

思"序列性的四大主题，环环相扣。地震遗址公园结合游客服务中心，将前区合理划分，形成具有指向性的流线空间，同时为市民提供休憩场所。抗震纪念馆不再是一座独立建筑，而是整个规划序列中的一个节点。地震遗址作为流线的终点和制高点，将整个序列推向高潮。

抗震纪念馆及地震遗址公园能够体现自然灾难的无情和抗震救灾的大爱，通过对公共空间的营造，为周边居民提供生活的场所。公共空间、抗震纪念馆与地震遗址三者有机结合、整体布局，形成了"宁静 - 破裂 - 重生 - 追

整个设计的主题是自然的无情、不屈的抗争和生活的希望。大震过后，整个用地地表全毁，只有一棵榆树顽强地生存了下来，在一片废墟中显得格外醒目，象征着生命不屈以及坚忍不拔的抗震精神。设计以树为圆心，向着地震发生的时间，下午四点三十分，划出一个巨大的指针，指针所形成的巨大"裂痕"将建筑"一分为二"，在大地上标记出那个凝重的时刻。建

12

8　生命之树
9　前广场
10　室内局部 1
11　室内局部 2
12　静思潭与前广场

筑主体采用具有冲突感的三角形，与大地景观结合形成了破土而出之势，体现出自然无常的巨大力量，外墙材质选用当地石材。屋面的屋顶绿化也与周围环境结合削弱了建筑对周边环境的影响。

景观设计注重对人流线的引导以及给人以更多的休憩和活动空间。传统的纪念性建筑更多只考虑营造场地的仪式感而忽略人的停留感。鲁甸抗震纪念馆希望通过近人尺度的设计，使人们得以停留，营造出一个服务于周边居民的公共空间，使纪念馆不再

仅仅是具有象征意义的场所，同时也可以是生活的舞台。广场南区、静思潭以及游客服务中心共同形成了具有趣味同时兼备游客服务性质的功能性广场。以生命之树为圆心的纪念广场在注重仪式感的同时，将生命之树周边以圆弧形石条围绕，石条高低错落，形成剧场式的向心空间，使人在室外空间中体验到凝聚力，并产生停留感。

建筑面积　19980 m²
用地面积　20963 m²

# 陕西师范大学教育博物馆

Shaanxi Normal University Museum of Education

## 设计立意

陕西师范大学教育博物馆（以下简称博物馆）地处古都西安，依托历史悠久的陕西师范大学而建，是国内第一座教育博物馆，具有文化标志性、时代性、地域性和实用性。

建筑整体体量大开大合，仿佛由华山岩石雕琢而出。外立面采用混凝土挂板，岩石质感强烈。外立面的水平条窗仿佛岩石的裂隙。从陕西师范大学的标志上提取的篆体"师"字，好似摩崖石刻点缀其上。雕塑体量之上，传统歇山屋顶统领整个建筑群，传统与现代建筑风格融合共生。同时，建筑又与内外葱郁的竹林相映成趣，营造出具有中国山水画意境的环境氛围。

## 设计要点

尊重陕西师范大学长安校区总体规划布局，与校园的标志性建筑图书馆共同塑造校园前区建筑氛围，整体兼具传统韵味和时代特征。

建筑作为校园前区的空间限定介质和入口广场的背景，自身具有标志性和观赏性，同时建筑内部庭院具有观赏性。

博物馆建筑整体由教育馆、历史文化馆、书画艺术馆、妇女文化馆和自然科学馆组成，各馆围合出幽静的景观庭院。

博物馆一层分为博物馆区、科研办公区和藏品库房区。主入口位于正东，面向新校区主入口广场。办公科研出入口位于正南，藏品库房出入口位于西侧，不同功能区入口独立设置。

二、三层为各馆陈列室，平面划分明确，参观流线灵活，可以从序厅直接到达各馆陈列厅，也可以按固定展线依次参观各馆。在固定展线的末尾，即教育馆的屋面设置屋顶花园，为参观者与工作者提供交流空间。二、三层的陈列室之间设休息厅，在面向内庭院的方向开落地窗，参观者可以在此从各个角度观赏内庭院之茂林修竹、清流激湍。

回看博物馆，建筑既有现代雕塑体量，又有传统韵味，景观点缀其中，形成具有标志性和观赏性的建筑形象。

1 总平面图
2 全景鸟瞰图
3 主入口

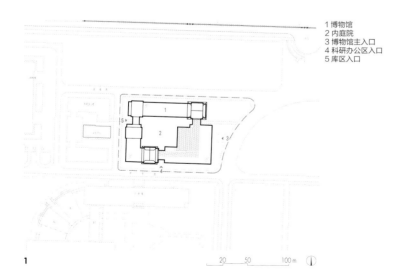

1 博物馆
2 内庭院
3 博物馆主入口
4 科研办公区入口
5 库区入口

20　50　100 m

4 南侧立面与景观设计
5 科研楼一层平面图
6 科研楼二层平面图
7 剖面图
8 内庭院 1

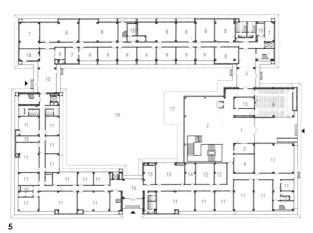

1 门厅
2 序厅
3 小件寄存处
4 讲解员休息室
5 过厅
6 报告厅
7 暂存库
8 库房
9 博物馆办公区
10 库区门厅
11 科研办公区
12 会议室
13 接待室
14 服务间
15 设备用房
16 办公门厅
17 观景台
18 消防控制室
19 内庭院

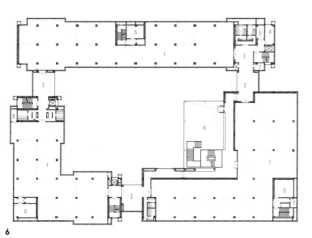

1 展厅
2 休息厅
3 过厅
4 暂存库
5 设备用房
6 序厅上空
7 杂物间

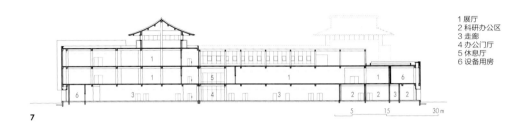

1 展厅
2 科研办公区
3 走廊
4 办公门厅
5 休息厅
6 设备用房

7

5  15  30 m

8

9　内庭院
10　内庭院山石池岸
11　西入口
12　大厅
13　南入口

宁夏引黄古灌区世界灌溉工程遗产展示中心

建筑面积　9980 m²

World Irrigation Works Heritage Exhibition Center, Ningxia Ancient Area of Irrigation by Diverting Water from the Yellow River

1 总平面图
2 主入口
3 立面与屋檐细部
4 南向鸟瞰图
5 西南向鸟瞰图

1 展示中心
2 停车场

0　20　50　100 m

**1** 总平面图

该项目选址于历史古渠旁，通过"古"之遗存与"今"之营造，形成古今融合的总体环境。结合展示中心主题，通过设计抽象元素，在景观设计中体现黄河奔涌、润泽良田的水利灌溉理念。

在建筑设计方案内，以建筑的实体隐喻山峦，以玻璃的光洁表达流水，展现山峦起伏（黄河流经巴颜喀拉山、贺兰山、秦岭、太行山、泰山等山脉）、水流跌宕的奔腾不息的黄河精神，形成山水合一的精神感受，取意"水从山中来"。

建筑设计充分融入绿色理念，通过体型系数的合理控制，中央空调与地辐采暖的冷热结合，空心楼盖与架空金属屋面的隔热保温构造等实现能源节约。

广泛应用缓凝结预应力钢绞线及混凝土空心楼盖技术实现大跨度空间少柱少梁设计；玻璃幕墙与铝镁锰合金屋面板的结合充分表达现代建造工艺的简洁和精致，诠释出"古为今用"的现代建筑设计手法。

将 BIM 技术全过程应用在设计、施工中，创建了结构模型、机电模型、分阶段场布模型等，解决了施工过程中机电安装及外立面施工难点问题。

6 鸟瞰图
7 一层平面图
8 立面图
9 剖面图

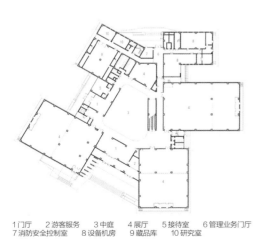

1 门厅    2 游客服务    3 中庭    4 展厅    5 接待室    6 管理业务门厅
7 消防安全控制室    8 设备机房    9 藏品库    10 研究室

7

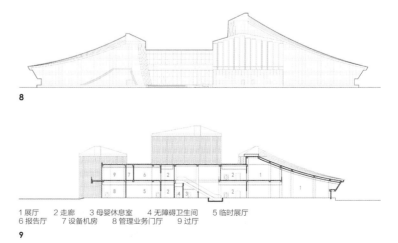

8

1 展厅    2 走廊    3 母婴休息室    4 无障碍卫生间    5 临时展厅
6 报告厅    7 设备机房    8 管理业务门厅    9 过厅

9

10 屋面设计
11 景观设计
12 景观设计细节

建筑面积　51962 m²

陕西省图书馆、美术馆

Shaanxi Library, Shaanxi Province Art Museum

陕西省图书馆、美术馆建成于 2001 年，位于西安市长安路。建设基地高出城市道路 4～5 m，是现存不多的唐长安城内六道高地之一。为尊重历史地貌、创造有地方特色的环境，将图书馆建设在高坡上，美术馆则嵌于高坡脚下，形成错落有致的总体布局。

图书馆具有现代化功能，通过柱网、层高、荷载的三统一，实现了适应布局变化的灵活性，借、阅、藏、展合一，可对外开放的报告厅、多功能厅、展厅、自习室、多媒体教室等的设置具有开放性，计算机网络系统及楼宇管理、综合布线、消防报警等监控系统体现了智能性。图书馆在建筑艺术上对古今中外的风格兼收并蓄。

美术馆为直径 60 m 的圆形建筑。中心部位为四层通高的雕塑大厅，周围有开敞的展廊以及尺度各异的展厅等。

在彰显由于功能不同而个性不同的同时，两座建筑通过采用相同的色彩与弧面、拱窗等处理方式及山坡顶上广场的设置，在观感上和功能上成为有机整体。图书馆、美术馆在建筑艺术方面努力探索现代建筑的地域化。图书馆的屋顶槽部空廊的柱头以及开窗的形式，美术馆的浮雕及传统席纹的面砖肌理都展示出文化建筑的品位。整体建筑既充满现代建筑的生机和活力，又具有中国文化传统的韵味。凡此种种，使两座体形、个性相异的建筑在对比中取得协调，和谐共生在土坡上下。

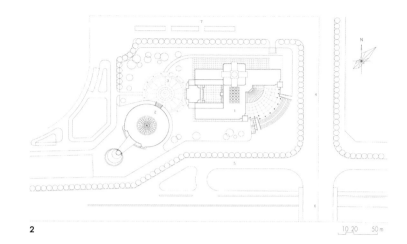

2

10 20    50 m

1  从长安路看图书馆
2  总平面图
3  从西面看美术馆
4  入口门廊
5  陕西省图书馆、美术馆实景鸟瞰图
6  图书馆、美术馆夜景

7 图书馆大厅
8 图书馆一层平面图
9 图书馆二层平面图
10 三层展厅
11 一层夹层展厅
12 图书馆大厅

7

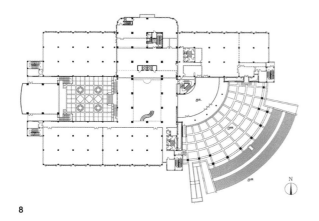

8

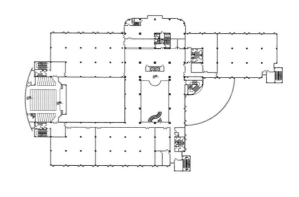

9

10

11

12

安康汉江大剧院

Ankang Hanjiang Grand Theater

建筑面积　49743 m²
用地面积　26449 m²

1

2

1 总平面图
2 西城阁和安康汉江
大剧院鸟瞰图

安康汉江大剧院位于安康市汉江以北，安康城市总体规划的核心景观区内。汉江沿规划用地南侧蜿蜒而过，为本项目提供了良好的形象展示界面。规划用地近似倾斜的长方形，东西长约215 m，南北宽120 m左右，用地面积26449 m²。

用地南侧紧临滨江大道三期道路，用地北侧为江北大道，东侧为规划的柑吴路，地理位置优越，交通便利。项目建筑面积为49743 m²，其中地上面积为23150 m²，地下面积为26593 m²。地上六层、地下二层，建筑完成面最高点为50 m，主要功能为1200座大剧院、323座小剧场及文化产业配套设施等，地下室为车库、舞台附属用房及设备用房，设停车位399个，同时设平战结合核六常六甲类二等人员掩蔽所3489 m²。本项目是一座集演出、会议、培训于一体的大型公共建筑，一座具有地域文化标识性的公共建筑，同时也是安康城市的重要标志性建筑之一。

本建筑采用弧线形的平面形态及立面造型，平面布局中将大、小剧场巧妙结合，功能合理；立面造型既体现安康传统建筑的灵秀之美，又以纯净、流畅的气质展现出现代建筑的典雅之韵。

环境设计作为项目整体不可分割的一部分，力求与大剧院主体建筑"灵与秀"的形态相协调。广场设计与汉水文化一脉相承，突出水的形态及灵动。建筑与环境交相辉映，营造汉江北岸地标景象。

观众厅及舞台设计严格遵循剧院设计要求，平面及空间尺度与声、光、电配合紧密，满足专业舞台机械及声学设计要求，为演艺活动营造最佳的演出环境及观赏空间。

曲线的平面形态及立面造型，加之建筑内部高大空间及演艺空间的特殊要求，成为各专业设计及协调配合的难点，最终管线设计合理且藏露得当，结构构件成就建筑之美。

建筑应用多项节能技术，效果显著，节能监测验收合格，被评为二星级绿色建筑。中厅、茶室幕墙利用中空玻璃（TP6+12A+6 的 Lowe）自然采光，室外采用可渗透铺装地面，楼宇设备采用自动控制系统，地下室设置雨水处理站 1 座。

3　安康汉江大剧院鸟瞰
4　从滨江大道看本案
5　从汉江对面看本案
6　一层平面图
7　二层平面图

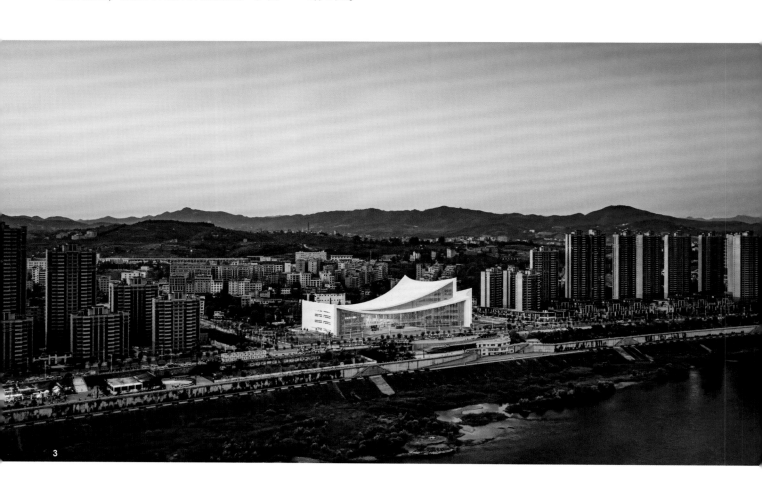

3

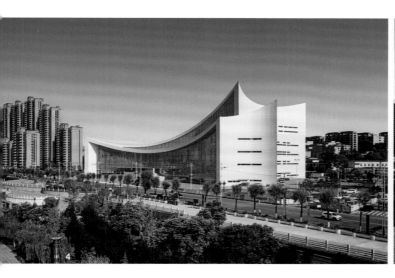

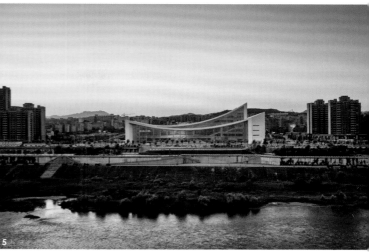

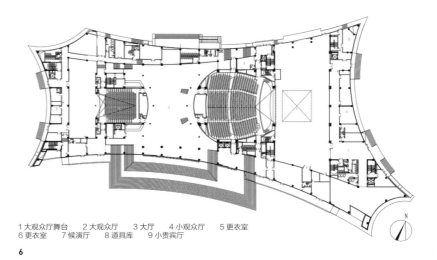

1 大观众厅舞台　　2 大观众厅　　3 大厅　　4 小观众厅　　5 更衣室
6 更衣室　　7 候演厅　　8 道具库　　9 小贵宾厅

6

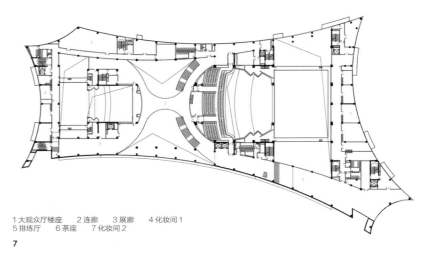

1 大观众厅楼座　　2 连廊　　3 展廊　　4 化妆间 1
5 排练厅　　6 茶座　　7 化妆间 2

7

11 从主入口看大剧场
12 从室内楼梯看入口大厅
13 从内广场看本案
14 入口大厅
15 小剧场室内

建筑面积 4970 m²
用地面积 200000 m²

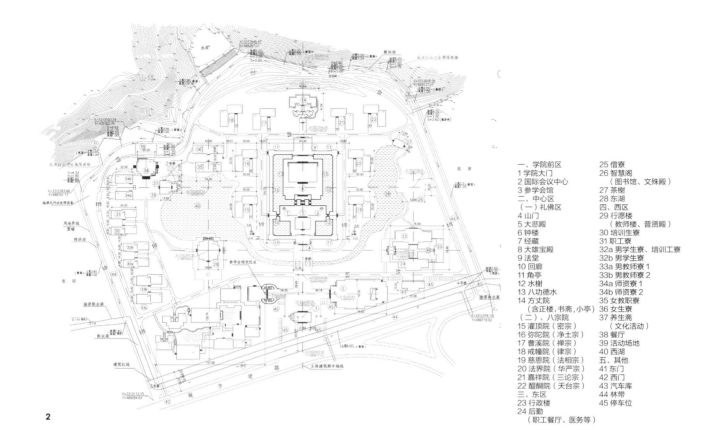

2

一、学院前区　　　25 僧寮
1 学院大门　　　　26 智慧阁
2 国际会议中心　　　（图书馆、文殊殿）
3 参学会馆　　　　27 茶树
二、中心区　　　　28 东湖
（一）礼佛区　　　四、西区
4 山门　　　　　　29 行愿楼
5 大悲殿　　　　　　（教师楼、普贤殿）
6 钟楼　　　　　　30 培训生寮
7 经藏　　　　　　31 职工寮
8 大雄宝殿　　　　32a 男学生寮、培训工寮
9 法堂　　　　　　32b 男学生寮
10 回廊　　　　　　33a 男教师寮 1
11 角亭　　　　　　33b 男教师寮 2
12 水榭　　　　　　34a 师资寮 1
13 八功德水　　　　34b 师资寮 2
14 方丈院　　　　　35 女教职寮
　　（含正楼,书斋,小亭）36 女生寮
（二）、八宗院　　37 养生斋
15 灌顶院（密宗）　　　（文化活动）
16 弥陀院（净土宗）　38 餐厅
17 曹溪院（禅宗）　　39 活动场地
18 戒幢院（律宗）　　40 西湖
19 慈恩院（法相宗）　五、其他
20 法界院（华严宗）　41 东门
21 嘉祥院（三论宗）　42 西门
22 醍醐院（天台宗）　43 汽车库
三、东区　　　　　44 林带
23 行政楼　　　　　45 停车位
24 后勤
　　（职工餐厅、医务等）

3

4

1 鸟瞰图
2 总平面图
3 礼佛区大雄宝殿
4 参学会馆
5 智慧阁

该学院总体上采用了沿中轴线基本对称的格局，特别是核心部位的礼佛区更是完全遵循了佛教寺院的严正布局，构成了本学院因山就势、奇正相宜、富有特色的整体格局。教育学院为校园景观的主体，在风格体量、色彩、尺度以及群体配置上突出唐代风格。全院构成高低错落、主从有序的建筑整体。两座主要配景建筑各踞东西、和而不同，与中心区建筑构成了学院的宏观框架。同时，设计团队在不同的建筑组群中注意营造与功能相适应的个性化景观，从而丰富师生活动的微观环境。

6

7

8

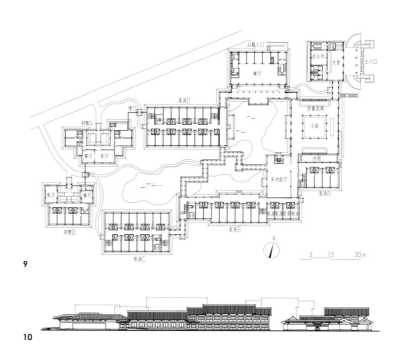

9

10

6 参学会馆水院
7 东区智慧阁
8 连廊
9 参学会馆平面图
10 参学会馆立面图
11 礼佛区
12 礼佛区平面图
13 礼佛区立面图
14 礼佛区剖面图
15 礼佛区入口实景

11

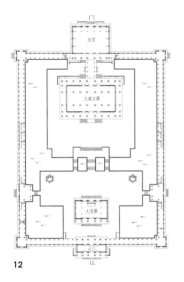

12

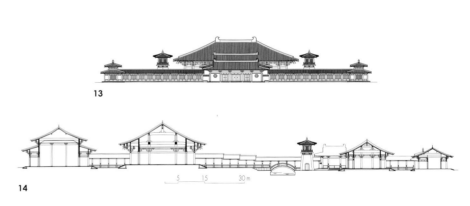

13

14

5  15  30 m

15

# 孟苑

Meng Garden

建筑面积　81382 m²
用地面积　308454 m²

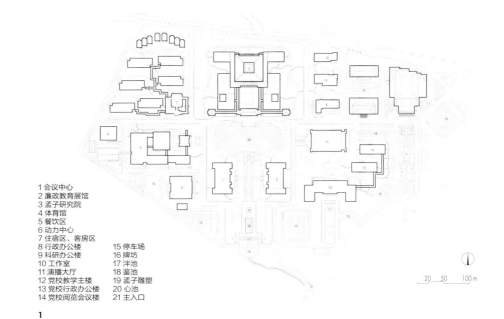

1 会议中心
2 廉政教育展馆
3 孟子研究院
4 体育馆
5 餐饮区
6 动力中心
7 住宿区、客房区
8 行政办公楼
9 科研办公楼
10 工作室
11 演播大厅
12 党校教学主楼
13 党校行政办公楼
14 党校阅览会议楼
15 停车场
16 牌坊
17 泮池
18 鉴池
19 孟子雕塑
20 心池
21 主入口

20　50　100 m

1

2

1　总平面图
2　从心池南岸看孟子研究
　　院主馆

孟子与孔子并称"孔孟"，是儒家代表人物。儒家思想作为中国主流思想存续几千年至今，是中国传统文化核心内容。孟子思想中的性善、民本、仁政、浩然之气，已经成为华夏的优秀文化基因世代传承。

场地位于孟子故里山东邹城，北靠护驾山，西南为唐王河，东南为邾国大道。场地似"心"形。

传承孟府孟庙传统建筑经典特征，以简洁现代建筑语言写意传统空间意境，设计以"轴线引领、主从有序、院落递进、引水借山"为主旨。主轴线南起唐王河，北至护驾山，沿轴线依次为石坊、孟子雕像广场、善道、规矩台、心池、柱廊、讲堂、大殿，从南到北渐次升高，有礼仪建筑的庄严肃穆感。轴线东西两侧建筑群彼此遥相呼应，均衡非对称。从唐王河引活水，在"心"形场地的核心汇聚成"心"形浅水池，兼有山水园林的自由灵动。

建筑南北朝向，屋顶平坡结合。平屋顶部分以极简雕塑感的形体，进退迎让，如巨石堆叠，与北面叠峙的护驾山岩遥相呼应，以"仁者乐山"寓意象征孟子"仁政"的思想。古朴、平和、舒展的坡屋顶意象取自山东的汉画像石，有平远之势、悠扬之态。尺度宜人、朴实无华的柱廊，结合近水远山，有天人合一、平静亲和的意境，体现孟子人性本善、以民为本的思想。

3

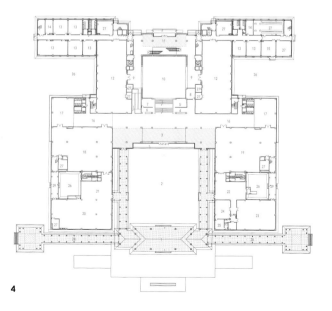

4

1 入口山门
2 孟子讲堂内院
3 门厅
4 服务台
5 寄存处
6 问询处
7 讲解员休息室
8 广播室
9 展览厅
10 序厅
11 次入口门厅
12 孟子文化展厅
13 国学教室
14 办公区
15 消防控制室
16 过厅
17 休息厅
18 国学体验厅
19 孟子文献厅
20 咖啡餐饮区
21 文化商店
22 贵宾门厅
23 会议室
24 贵宾接待室
25 休息室
26 庭院
27 设备用房
28 孟子长廊
29 连廊

3 南向全景鸟瞰图
4 一层平面图
5 孟子研究院鸟瞰图
6 孟子雕像广场

7 牌坊
8 石灯
9 从演播大厅看孟子
　研究院主馆
10 剖面图

1 服务台
2 问询处
3 环廊
4 孟子文化展览厅
5 休息厅 1
6 会议区
7 办公区
8 结构夹层
9 走廊
10 卫生间
11 休息厅 2

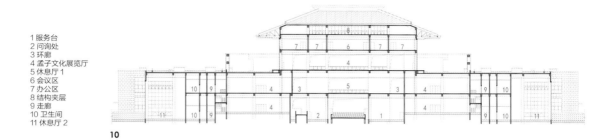

**10**

1

# 南水北调精神教育基地

South-to-North Water Diversion Spiritual Education Base

建筑面积 43689 m²
用地面积 71400 m²

南水北调精神教育基地所在的淅川县为楚文化的发源地，也是南水北调中线工程渠首所在地。项目用地约 71400 m²，建筑面积为 43689 m²，功能为展览、教学、会议、住宿和餐饮。

基地前区正对主出入口广场展开布置，会议中心和展示馆统一在覆斗型大屋顶下，居中为一极具精神力量的入口灰空间：光线从顶上洒下，照射在宁静的黑色水源石上，配合蜿蜒曲折的景观水系，象征南水北调中线工程的流域和城市，饮水思源，使参观者体会"忠诚奉献、大爱报国"的移民精神。后区为住宿生活区，可容纳 450 名学员食宿。

总体规划既突出建筑形象，又保证独立管理，内外有序，张弛有道。

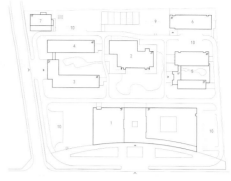

1 综合楼　　2 职工食堂　　3 公寓一区　　4 公寓二区
5 公寓三区　　6 公寓四区　　7 动力中心　　8 羽毛球场
9 网球场　　10 停车场
**2**

朴实无华的建筑风格突出水文化、楚文化和地域文化。

造型采用南阳民居中明塘、天井的空间形式，为两个覆斗的变形组合，上扬下覆；屋顶提炼楚风飘逸、延展的特征，出挑深远；立面强调水坝的形象隐

---

1　入口灰空间与景观水系相呼应
2　总平面图
3　南水北调精神教育基地与渠首大坝

喻，竖向柱廊增强建筑的整体感和严肃性，形成了颇具气势的连续立面，丰富了光影变化，呈现出渠首大坝的意向。

建筑材料既呼应民居的砖和瓦，又从大坝元素中提炼出混凝土材质：屋顶采用深灰色金属瓦，立面为清水混凝土与混凝土空心砌块相结合，拥有自然沉稳的外观，在隐喻水坝的同时，体现出南水北调工程刚硬朴素的韵味。

该建筑拥有现代的建筑语言、朴实的建筑材料和丰富的空间设计，创造出既庄重又充满活力的生态园区。

建筑墙体采用外维护墙体和混凝土砌块之间为保温层的双层墙结构，充分利用地域性材料，同时为保证混凝土空心砌块的结构安全性，采用构造柱、圈梁相互拉结的等砌体结构的抗震构造措施。

结构采用预应力现浇钢筋混凝土密肋梁空心屋盖，在满足安全性的前提下，实现了建筑要求的大跨度、长悬挑平板式清水混凝土效果。

4

4 展示馆与会议中心统一
　 在覆斗型大屋顶下
5 入口灰空间局部
6 清水混凝土墙造型细节
7 首层平面图
8 剖面图

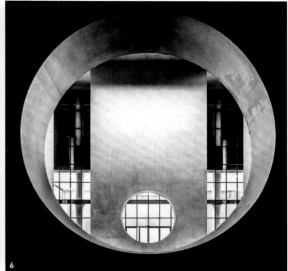

5

6

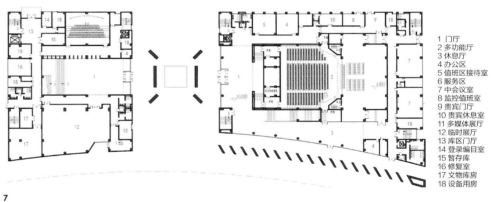

7

1 门厅
2 多功能厅
3 休息厅
4 办公区
5 值班区接待室
6 服务区
7 中会议室
8 监控值班室
9 贵宾门厅
10 贵宾休息室
11 多媒体展厅
12 临时展厅
13 库区门厅
14 登录编目室
15 暂存库
16 修复室
17 文物库房
18 设备用房

8

1 门厅
2 多功能厅
3 放映室
4 设备夹层
5 资料室
6 屋顶平台
7 声光控制室
8 多媒体教室
9 会议室
10 连桥
11 休息平台
12 设备机房

10 南水北调精神教育基地
 标志塔
11 学员宿舍区内庭院
12 学员公寓入口
13 连续的清水混凝土柱
 廊隐喻渠首大坝

# 四川大学江安校区艺术学院

College of Arts, Sichuan University (Jiang'an Campus)

建筑面积　13660 m²

该项目获得 2009 年中国建筑学会新中国成立 60 周年建筑创作大奖。

本建筑具有较好的生态效应，是自然景观不可或缺的部分。艺术学院的多种功能适当分区，通过院落组合实现动静分离。多种观景与借景的场所形成有利于艺术创作的环境。多层次立体绿化、高低错落的建筑轮廓线和标志塔共同构成可观赏、具有很强标志性的建筑形式。项目设计通过建筑的空间、光影、材料质感、比例尺度等为师生营造出别样的艺术氛围，特别是连续性院落等富有地域特征的空间形态，可激发艺术学院师生的创作活力。

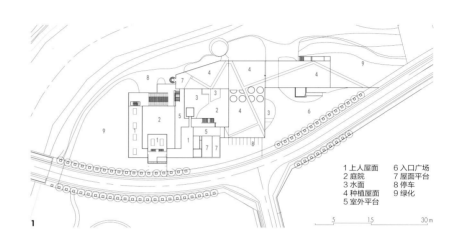

1 上人屋面　　6 入口广场
2 庭院　　　　7 屋面平台
3 水面　　　　8 停车
4 种植屋面　　9 绿化
5 室外平台

**1**

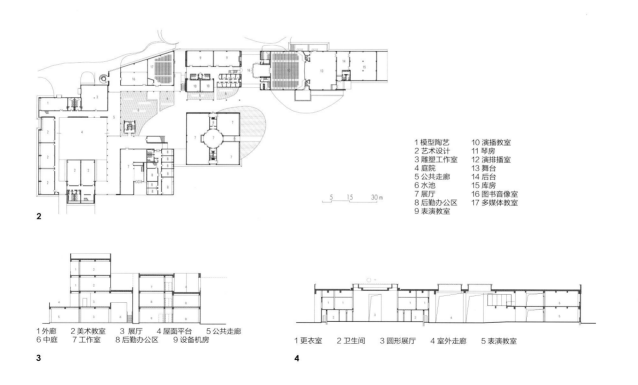

1 模型陶艺　　10 演播教室
2 艺术设计　　11 琴房
3 雕塑工作室　12 演排播室
4 庭院　　　　13 舞台
5 公共走廊　　14 后台
6 水池　　　　15 库房
7 展厅　　　　16 图书音像室
8 后勤办公区　17 多媒体教室
9 表演教室

**2**

1 外廊　　2 美术教室　3 展厅　　4 屋面平台　5 公共走廊
6 中庭　　7 工作室　　8 后勤办公区　9 设备机房

**3**

1 更衣室　　2 卫生间　　3 圆形展厅　　4 室外走廊　　5 表演教室

**4**

1　总平面图
2　立面图
3　剖面图 1
4　剖面图 2
5　首层组合平面图

# 西北工业大学材料科技大楼

Materials Science & Technology Building, Northwestern Polytechnical University

建筑面积 26674 m²
用地面积 19728 m²

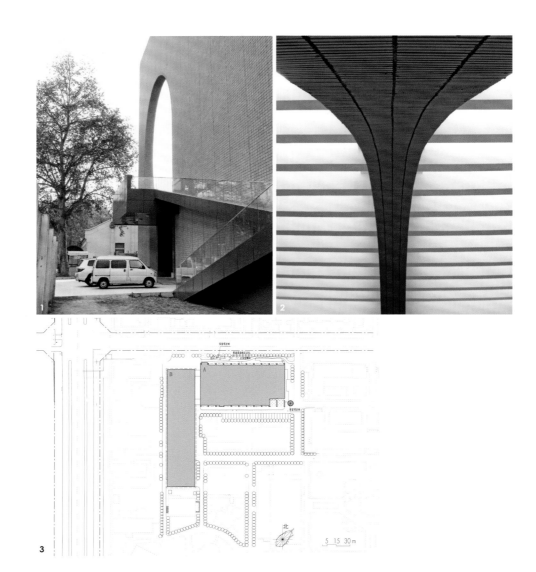

1

2

3

北

5　15　30 m

本工程项目位于西安市西北工业大学校园内西部，北临求实路，西侧为学校产业大楼开发用地，东侧为校园道路，南侧为规划绿地。强度研究所的部分设备及其基础被保留下来并被合并到新建建筑中。

由于用地为"L"形，因此根据功能要求进行分区设置：A段主要集中建设各个普通空间要求的实验室及配套设施，正常采光，建筑为南北向；B段建设车间型实验室和改造保留的强度研究所，以天窗采光为主，建筑为东西向。A段主要出入口设在东端，临校园道路，是该建筑人流的主要通道，次要出入口设在西端，为设备及货物通道。B段由于要求车辆可进入实验室内，因此出入口沿周边道路分别设置。

两栋建筑之间为消防车道。A段与B段建筑形成的"L"型布局与用地吻合。

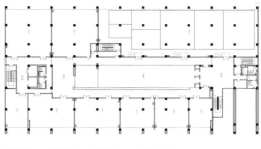

1 设备机房　2 实验室　3 门厅　4 电梯厅
**4**

1 实验室　2 电梯厅　3 休息厅　4 中庭上空
**5**

1　西侧主入口
2　中庭顶部
3　总平面图
4　A段一层平面图
5　A段五层平面图
6　二层入口平台
7　南立面

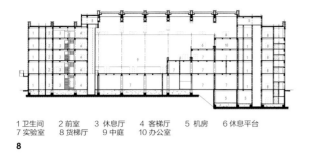
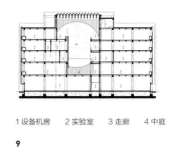

1 卫生间　　2 前室　　3 休息厅　　4 客梯厅　　5 机房　　6 休息平台
7 实验室　　8 货梯厅　　9 中庭　　10 办公室

**8**

1 设备机房　　2 实验室　　3 走廊　　4 中庭

**9**

1 设备机房　　2 实验室　　3 值班　　4 准备间、库房等

**10**

**11**

**12**

8 A 段剖面 1
9 A 段剖面 2
10 B 段一层平面图
11 外墙细部
12 南立面仰视
13 室内中庭

13

## 平面布局及交通组织

该项目性质为科研实验楼，建筑布局如下。

A 段——普通空间实验室：

地下室在建筑西端，主要为设备用房：变配电间和水泵房、水池。在建筑东部北侧设有一个地下室，为激光水冷机组站。1 层布置要求净空高、荷载大的实验室，设有门厅、客梯厅（东）、货梯厅（西）、消防中心等。2~5 层安排普通要求的各类实验室和管理、设备用房。根据消防和使用要求设四部楼梯、两台客梯（1.0 吨）和一台货梯（3.0 吨）。出入口在东、西两端，采用内走廊方式。

B 段——车间型实验室：

主要分为三个部分：CMC 实验室和 C/C 实验室相邻，水电共用部分建在两个实验室之间。建筑北部为航空学院的结构强度实验室，其中包含保留的大型设备及其基础，局部设有夹层。三个部分各有独立出入口与周围道路连接。

## 建筑空间与形式

为体现科研建筑的特点，建筑形式设计简洁、大方，具有雕塑感。充分利用建筑的长度，以巨板式排列组合，形成强烈韵律。配合校园周边已建项目，外表面采用订制土黄色陶砖，配合灰色玻璃幕墙和深褐色铝板，形成材料科技大楼标志性特征。

由于 A 段建筑进深较大（约 50 米），为满足疏散、采光要求，并结合考虑科研人员的工作特性，在建筑中央设有中庭，作为交流、休息、展示的空间。中庭空间形态模拟飞行轨迹穿越大楼，形成若干穿孔并逐渐升高，体现材料楼特殊的行业特色。

# 杨凌国际会展中心

Yangling International Convention & Exhibition Center

建筑面积 42000 m²

杨凌是我国古代农耕文明的发祥地。作为全国唯一的农业高新示范区，杨凌是一片充满希望的田野，也是投资开发的热土。杨凌国际会展中心集展览、会议、办公、宾馆等功能于一体，不仅是全国四大博览会主会场之一，还是示范区的龙头项目。项目的总体构思采用建筑直面自然的集中式布局，从南到北依次布置了展览中心、会议中心和宾馆办公区，各区域既相对独立，又有机联系，关系简洁，流线分明。大斜坡绿地从广场渐次升高，室外大台阶使广场与建筑密切相连，中部跌落的瀑布从台阶屋面喷涌而下，与广场喷泉浑然一体。远远望去，建筑从大地缓缓升起，缕缕阳光洒满人间，涓涓溪流奔流直下。整体环境极富田园色彩，反映了一种"生于土地，出于阳光"的有机建筑和绿色建筑设计思想，体现了"高山流水，天地人间"和谐共处的意境。

1

1 南侧鸟瞰图
2 东侧透视图
3 东南侧透视图
4 北侧入口

西安国际展览中心位于西安市南郊城市中轴线长安路东侧，西面与电视塔相对，南北均有一条城市规划路，占地33600 m²。

展览大厦用地南北长 240 m，东西宽 140 m，西侧至长安路为城市广场绿化用地，与本项目统一规划。大厦主体建筑坐东朝西，南北长 162.3 m，东西宽 81 m，城市广场与电视塔周围绿地形成了一个整体，与展览中心形成虚实对比，在空间上相互渗透，为市民提供了宜人的集会、活动、休闲城市空间。

展览中心位于西安市总体规划的中央商务区（CBD）内。城市主干道长安路与三环路交会于此，交通便利。方案采用整体布局，人流、货流分开布置，互不干扰。展览大厅人流结合城市人流方向布置在西侧。南北两侧为地下商场顾客人流入口及展厅次要疏散口。东侧留有宽敞的货运通道，并布置展厅货物入口。大型货车可直接开进底层各个展厅，方便布展。场地西北有一条地裂缝斜穿而过，限制了建筑布置。我们结合地裂缝的避让距离，在场地北侧留出距离布置停车场及室外展场，与城市主干道留出缓冲距离。建筑正面设置了残疾人坡道，室内设置了自动扶梯与电梯，可方便残疾人通行。

展览中心以展厅为主，包括会议区、办公区、商业零售区以及配套设施。业主要求能举办大型国际展览，同时能够举办一些体育比赛、艺术表演及大规模集会。首层中部主展厅为跨度

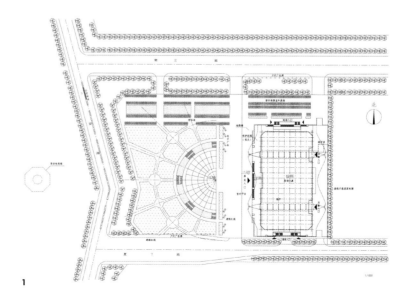

1　总平面图
2　一层平面图
3　二层平面图
4　剖面图 1
5　主入口

1

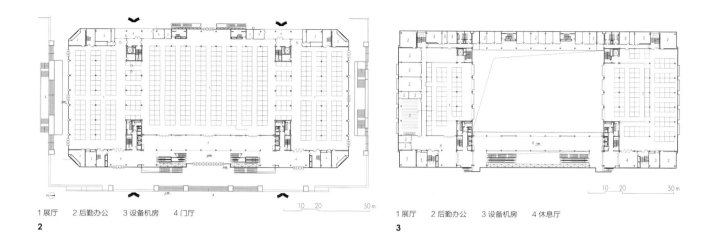

1 展厅　2 后勤办公　3 设备机房　4 门厅

**2**

1 展厅　2 后勤办公　3 设备机房　4 休息厅

**3**

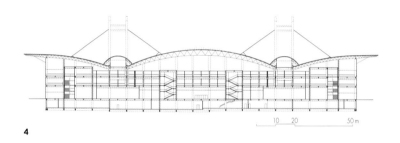

**4**

78.3 m、27 m 通高的无柱空间，面积为 5000 m²。两侧为普通展厅，底层可举办大中型展览，展厅之间在一定程度上可分可合。二、三层两侧分别布置了两个展厅以及各种规模的会议室、洽谈室、内部办公用房。地下一层中部为设备用房、库房及部分餐饮区，两侧为商场，可布置小型展览。展览建筑人流相对集中，我们在建筑西侧设置通长门厅与各个展厅相连，厅内绿化植物四季常青，门厅入口部分设一个 27 m 通高的中厅，仰视即可看到屋顶优美的曲线。

作为西安新城的重要标志性项目，该方案结构简洁、材料新颖、造型流畅，用两组四排桅杆利用悬索拉起了巨大的屋面，正面看像展翅欲飞的鲲鹏，俯瞰像刚刚启动的航船，以此来隐喻世纪之交的西安经济正在腾飞与发展。

6　室内场景
7　侧立面

商业 酒店 办公 居住建筑

# 西安钟鼓楼广场及地下工程

西安钟鼓楼广场是一项通过城市设计实现古迹保护与旧城更新的综合性工程，包括绿化广场、下沉式广场、下沉式商业街、地下商城及商业建筑。设计力求最大限度地展现钟楼、鼓楼这两座14世纪古建筑的形象，使其历史内涵与地方特色得以充分发挥。整体构思沿着"晨钟暮鼓"这一主题向古今双向延伸。设计汲取中国大型园林划分景区、组织景观、成景得景的经验和手法，同时对中国传统组景经验与现代城市外部空间理论进行结合和演绎，创造出地上、地下、室内、室外融为一体的立体的城市开放空间。

建筑面积　44300 m²

*Xi'an Bell & Drum Tower Square and underground works*

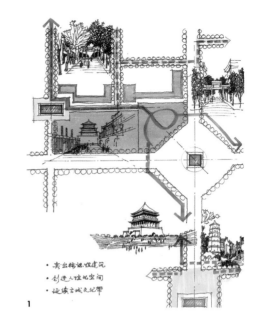

**1**

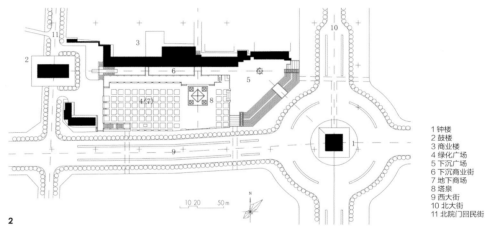

**2**

1 钟楼
2 鼓楼
3 商业楼
4 绿化广场
5 下沉广场
6 下沉商业街
7 地下商场
8 塔泉
9 西大街
10 北大街
11 北院门回民街

1　手绘分析图
2　总平面图
3　效果图
4　从下沉商业街看鼓楼

**3**

5

6

5　从广场看鼓楼
6　20 世纪 90 年代建成后
　　实景
7　从鼓楼看商业配楼
8　从广场看鼓楼

商业 酒店 办公 居住建筑　　西安钟鼓楼广场及地下工程

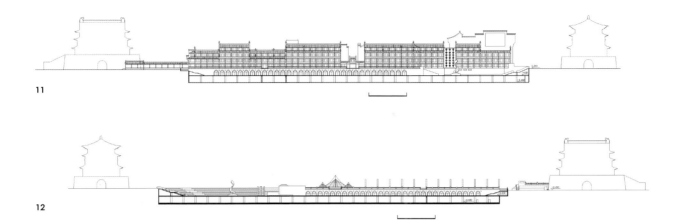

11

12

9　鼓楼：文武盛地
10　钟楼
11　剖面图 1
12　剖面图 2
13　广场的采光顶
14　地下商业中庭

13

14

大雁塔风景区『三唐工程』及其更新

Dayan Pagoda Scenic Area "Santang" Project and its Renovation Work

建筑面积 27240 m²

大雁塔风景区"三唐工程"包括唐华宾馆21540 m²、唐歌舞餐厅2700 m²和唐代艺术展览馆3000 m²，简称"三唐工程"，选址在国家文物保护单位西安市南郊唐大雁塔东侧。这项工程的设计主要精神是"理解环境，保护环境，创造环境"。建筑物在布局、体量、高度、造型、风格、色彩上都与唐代大雁塔及其文化历史环境相协调。该项目运用传统空间设计手法和中国园林布局手法，与现代旅游功能和现代化设施相结合，提供了充满文化历史情趣的、舒适文明的旅游环境。其中，唐华宾馆于2021年完成提升改造。

1

1　唐华宾馆全景
2　手绘鸟瞰图
3　主庭院

2

3

4　唐华宾馆实景鸟瞰
5　酒店大堂
6　俯瞰酒店大堂
7　主庭院景观
8　客房回廊

9　小庭院景观
10　主庭院景观
11　唐华宾馆内庭与
　　大雁塔
12　客房区
13　鸟瞰唐华宾馆与
　　大雁塔

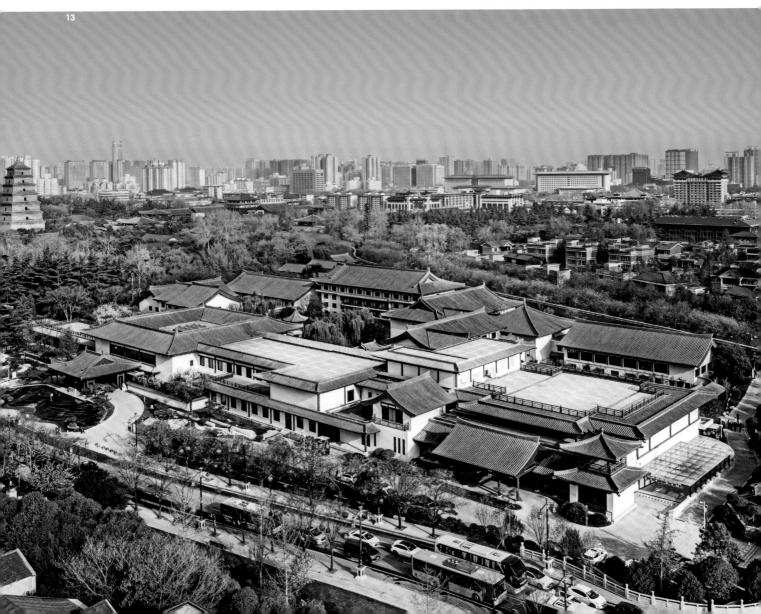

# 西安国际会议中心·曲江宾馆

Xi'an International Convention Center Quijang Hotel

建筑面积　45530 m²

1 大堂　2 客房区　3 会堂　4 游泳池　5 餐饮娱乐
6 高级客房区　7 动力中心　8 辅助用户区　9 雁塔南路
10 会展路　11 水面

**1**

**2**

西安国际会议中心·曲江宾馆选址在西安南郊曲江新区，是 20 世纪 90 年代西安市为迎接西部大开发按照国际标准兴建的一组园林化的承接大型国际会议、经贸洽谈、科技交流的现代化会议中心。总体布局撷取"泉声遍野入方洲，拥沫吹花碧上流"的曲江历史意蕴，采取以水体为主景的园林化格局。建筑环湖错落有致，虚实对比布设。曲江宾馆根据使用功能需求、融汇传统造园置景手法，设置四项主要功能区。湖的西南为客房群静区。湖的东北依次是国际会议、公众餐饮、健身休闲三项公共活动的动区。结合场地地貌特征以及东南

1 总平面图
2 主庭院
3 宴会区
4 客房区

5 东大堂
6 全日餐厅
7 一层平面图
8 公共区走廊
9 会议厅柱廊

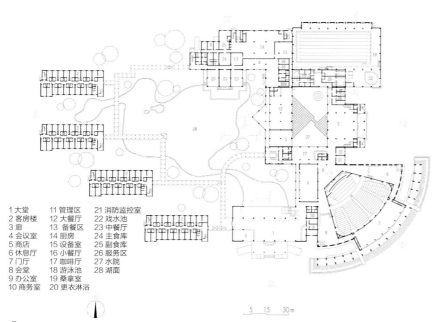

1 大堂
2 客房楼
3 廊
4 会议室
5 商店
6 休息厅
7 门厅
8 会堂
9 办公室
10 商务室
11 管理区
12 大餐厅
13 备餐区
14 厨房
15 设备室
16 小餐厅
17 咖啡厅
18 游泳池
19 桑拿室
20 更衣淋浴
21 消防监控室
22 戏水池
23 中餐厅
24 主食品库
25 副食品库
26 服务区
27 水院
28 湖面

N

5  15   30 m

7

两侧城市道路，设置便于运营及使用的多出入口，内部组织灵活便捷的复式交通流线。建筑造型简洁明快，随功能之异而自然呈平面错落和高低起伏的变化。风雨游廊连接各功能区，复现秦汉离宫别馆复道之意，起组织交通和营造景观的作用。建筑群体室内外空间关系组合，是通过景观构成、步移景异、借景得景等传统园林建筑手法，营建了一处传统与现代相互交融的新时代桃源密境。这是张锦秋院士结合中国园林与现代建筑的新的尝试。

10

11

12

13

10 剖面图
11 南立面图
12 东立面图
13 方案模型
14,15 休息厅内景
16 休息厅外景

# 西安市行政中心

Xi'an Administrative Center

建筑面积 375000 m²

　　西安市新行政中心反映当代最新的设计理念和技术，在文化上传承中国悠久灿烂的历史文化，使其成为西安北大门的一个地标性建筑。整个设计以城市设计为先导，突出行政中心的生态特色和人文关怀，追求建筑的群体效果，注重建筑与城市、建筑与环境的共生共融。为了树立亲民的政府形象，建筑采用水平渐次展开的庭院布置手法，以自然的、生态化的绿化环境为基础，市委、人大、政协、市政府采取人文的尺度，形成院中有院、高低错落、层次丰富的空间特色。建筑色彩体现西安地域特色，以土灰色墙体与黛瓦表现传统与现代的有机结合，取得了与古城水乳交融、血脉相连的特色。

　　该项目获 2011 年中国建筑学会建筑创作佳作奖、全国人居经典建筑规划设计方案竞赛金奖。

1

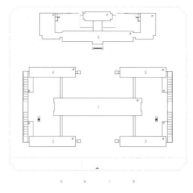

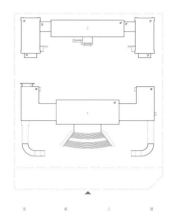

1  行政中心市委组团鸟瞰
2  市委区域总平面图
3  政协区域总平面图
4,5  市政府主楼

1 市委主楼    2 南一楼    3 南二楼    4 北一楼
5 北二楼    6 市委三号楼
**2**

1 政协主楼    2 政协主席楼
**3**

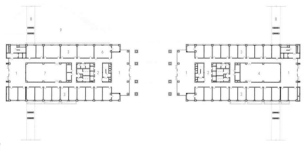

6 檐下空间
7 市委主楼一层平面图
8 政协主楼一层平面图
9 市政府办公楼内院
10,11 市政府主楼中庭

1 门厅
2 电梯厅
3 办公区
4 档案室
5 设备机房
6 安防区
7 信息中心
8 连廊
9 下沉庭院上空

7

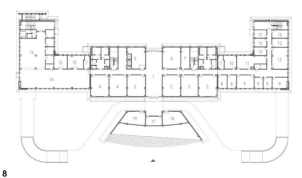

8

1 门厅
2 委员活动室
3 书画研究室
4 老干部活动室
5 安防中心
6 机要室
7 设备机房
8 值班室
9 档案室
10 文印室

11 信息中心
12 阅览室
13 司机室
14 餐厅
15 包间
16 操作间
17 超市
18 理发厅
19 自行车库

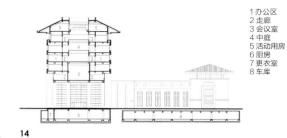

13

14

1 办公区
2 走廊
3 会议室
4 中庭
5 活动用房
6 厨房
7 更衣室
8 车库

15

16

1 门厅
2 接待区
3 办公区
4 活动室
5 超市
6 车库

12  群楼连廊
13  市委主楼立面图
14  市委主楼剖面图
15  政协主楼立面图

16  政协主楼剖面图
17  市委主楼中庭
18  市政府主楼中庭

17

18

# 宁夏回族自治区党委办公新区

New Office Area of the CPC Ningxia Hui Autonomous Region Committee

建筑面积　53600 m²

宁夏回族自治区党委办公新区项目是根据场地特有的性质，布局既有明确的轴线和序列，又采用大量的自由式布局手法，具有对称、对位、对景的关系，层次分明，主从有序。该项设计大胆地采用金属坡屋顶，并努力反映时代特色，使整个建筑群严谨又不失活泼，既永恒又时尚，完美地解决了建筑与土地的关系问题。建筑轻柔地触摸大地，整个建筑群像一幅淡雅的山水画渐次展开，灰墙黛瓦，湖光山色，中西合璧，自然天成。

**2**

1　从景观湖西岸看建筑群
2　檐下细部与石雕
3　总平面图

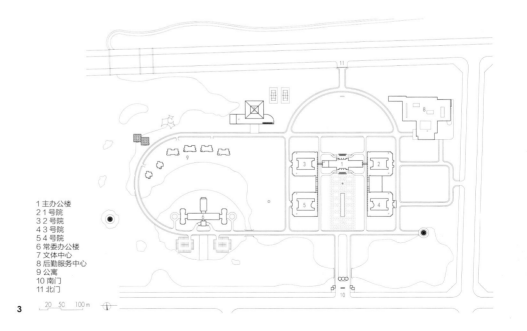

1 主办公楼
2 1号院
3 2号院
4 3号院
5 4号院
6 常委办公楼
7 文体中心
8 后勤服务中心
9 公寓
10 南门
11 北门

**3**　　20　50　100 m

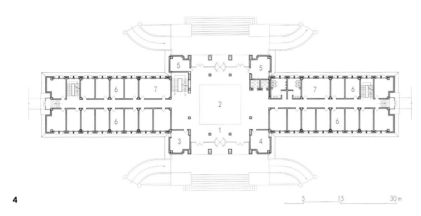

**4**

**4** 一层平面图
**5** 立面图
**6** 剖面图
**7** 从景观湖西南岸看
建筑群
**8** 从常委楼方向看主楼

1 门厅
2 中庭
3 值班
4 中心控制
5 设备
6 办公
7 会议

5      15      30 m

**5**      5      15      30 m      **6**      5      15      30 m

1 门厅
2 中庭
3 走廊
4 办公
5 会议
6 控制室
7 卫生间
8 设备夹层
9 变电所

**7**

石嘴山市政府办公楼

Shizuishan Municipal Government Office Building

建筑面积　47500 m²

该项目总体上采取中国传统建筑的布局和风水理念，具有明确的轴线，所有建筑均背山面水布置，沿湖形成"品"字形的布局模式。

主要建筑群以南、北立面作为主立面，采用严谨的中轴对称布局，突出其庄重、大气、精致的建筑风格；建筑采用院落式布局，大小结合，层次分明、园中有园；建筑最高为三层，空间尺度具有人文尺度的特征，周围绿荫环抱，有机生态。

立面设计追求简洁的形体和精致的细部。

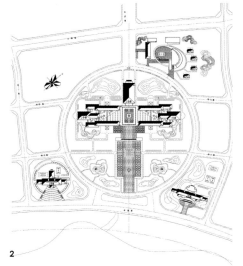

1　近水远山皆有情
2　总平面图
3　石嘴山市政协主楼
4　石嘴山人大主楼
5　石嘴山市政府入口广场

大唐西市项目位于西安市西部大唐西市遗址之上。该项目用地距离西安市中心4 km，东面和北面是西安市老城区，南面是西安市高新技术开发区，该项目区位处于连接老城和新城的纽带地区，占地10万 m²。唐长安城内不仅规划建设了宫城、皇城和外廓城，还建了街坊和东西两市。东市为国内贸易，西市为国际商品交易中心。从开市到唐末遭到破坏，大唐西市前后维持了320年的繁盛。在漫长的历史岁月中，大唐西市作为丝绸之路的东端源头和贸易大市场，起到了中外商品集散中心的重要作用。大唐西市项目就是在唐长安城西市遗址上重建的以盛唐文化、丝路文化为主题的国际商旅文化产业项目。规划设计以"市"为主导，以中国传统的"九宫"格局为基础，形成"井"字形路网。这种布局形式与唐长安城的城市肌理相一致，充分展示了唐朝的文化基因，延续了长安的文化脉络布局，可适当划分功能区域，也可满足分期建设的要求。整个大唐西市建筑群内有西市遗址博物馆、五星级酒店、购物中心、丝路风情商业街、影城以及文物交易市场等功能，建筑面积为36万 m²。大唐西市已经

1

成为西安重要的文化交流场所和重要的旅游目的地，是西安最大的文、商、旅综合体。大唐西市的建筑主要是以盛唐时期的唐风建筑为主要风格。中心是高50 m的金市广场五星级酒店，斗拱硕大，出檐深远，古朴典雅，端庄大方。周边建筑高低错落，起伏变化，构成了丰富的建筑景观轮廓线。整个大唐西市建筑群九宫明确，轴线突出，主从有序，恢宏大气。

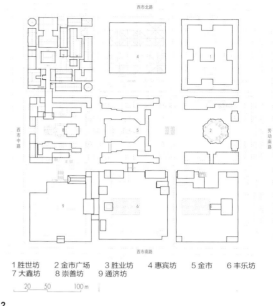

1 大唐西市主入口
2 总平面图
3 屋顶庭院

1 胜世坊　　2 金市广场　　3 胜业坊　　4 惠宾坊　　5 金市　　6 丰乐坊
7 大鑫坊　　8 崇善坊　　9 通济坊

20  50       100 m

**2**

3

4

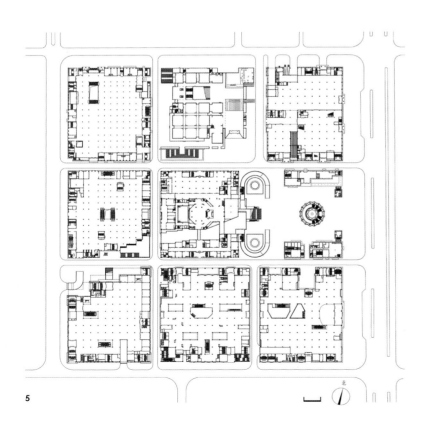

5

6

5　15　30 m

4　金市广场
5　首层组合平面图
6　组合立面图
7　金市酒店细部
8　沿街建筑立面

7

8

# 西安绿地中心A、B座

Block A and Block B of Xi'an Greenland Center

用地面积　33003 m²
建筑面积　334173 m²

西安绿地中心 A 座位于西安市高新技术产业开发区中央商务区锦业路与丈八二路交会处。本项目是集甲级办公、高档商业等功能于一体的超高层综合建筑。场地内地下设有 3 层地下室，埋深 19 m。地上建筑分为南楼和北楼两栋建筑。南楼以 57 层 270 m 超高层甲级写字楼为主，其结构主屋面高度为 248.50 m。南楼设有 4 层商业裙房，裙房建筑高度为 21.30 m。北楼为 3 层商业楼，建筑高度为 13.80 m。

超高层建筑主体饰面以玻璃幕墙为主，裙房以千挂石材为主。建筑幕墙采用"锁甲式"构图肌理，灵感取自兵马俑之铠甲。在简洁的立面上，自 19 层设计的斜面切角一直延伸到塔冠顶部，整体塑造出具有水晶体意象的立面。

1　从锦业路看绿地中心双子塔
2　从北侧公园看绿地中心双子塔
3　总平面图

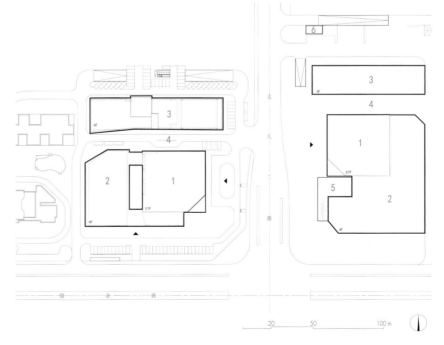

1 办公区　2 裙房　3 商业区　4 商业街　5 下沉广场　6 设备用房

3

结构体系为钢管混凝土框架＋伸臂架＋钢筋混凝土核心筒混合结构。

西安绿地中心 B 座地处高新区锦业路和丈八二路交叉口。超高层建筑及其裙房主要功能为商业和办公，是开发区乃至整个西安市的标志性双塔超高层。超高层的整体造型以钻石晶体为原型，强调塔楼体形的硬朗美感和玻璃材质的璀璨质感，摒弃多余的装饰，只用简洁的建筑语汇展示 270 m 高建筑的完美比例和精致细部。

规划层面清晰流畅，办公界面沿丈八二路与 A 座相对，商业界面分布在锦业路和靠近公园一侧，形成与七克拉商业街贯通的商业动线。商业街尽头对应绿地中心 A 座主塔楼，使两块地空间互通。独立门厅外置主要商业界面，形成独门独户的分散式商业布局。

4　绿地中心 B 座人视图 1
5　绿地中心 B 座内街
6　绿地中心 B 座人视图 2

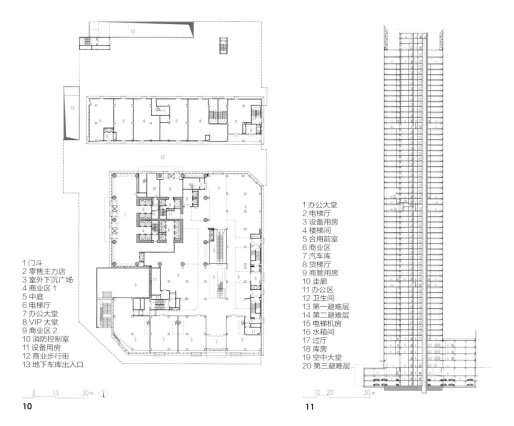

7 绿地中心 B 座办公区主入口
8 绿地中心 B 座办公区主入口室内
9 绿地中心 B 座电梯厅
10 一层平面图
11 剖面图
12 绿地中心 B 座电梯转换层

1 门斗
2 零售主力店
3 室外下沉广场
4 商业区 1
5 中庭
6 电梯厅
7 办公大堂
8 VIP 大堂
9 商区区 2
10 消防控制室
11 设备用房
12 商业步行街
13 地下车库出入口

5  15   30 m

**10**

1 办公大堂
2 电梯厅
3 设备用房
4 楼梯间
5 合用前室
6 商业区
7 汽车库
8 货梯厅
9 商管用房
10 走廊
11 办公区
12 卫生间
13 第一避难层
14 第二避难层
15 电梯机房
16 水箱间
17 过厅
18 库房
19 空中大堂
20 第三避难层

10  20      50 m

**11**

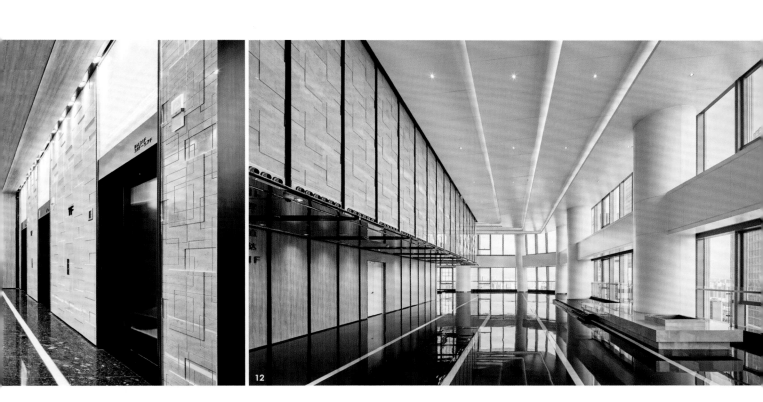

**12**

建筑面积　44000 m²

宏府大厦位于西安市城内北大街与二府街交叉口西北角，东临 50 m 宽北大街，是西安市旧城改造的重要项目。该项目地下三层，一至四层为商业区，引进法国家乐福超市，五层以上为写字间。由于该项目为《西安古城保护条例》出台后北大街上第一座新建建筑，所以在建筑风格的把握上尤为重要的是通过"抓点、控线、带面"来控制建筑的传统特色：通过控制最高点，使其有浑厚的传统风格；控制建筑轮廓线，使其具有传统建筑的符号和韵味；墙面的处理上手法放松，一带而过，使其具有现代感。

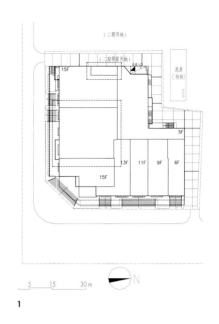

1

6

1  总平面图
2  东南向透视图
3  剖面图
4  一层平面图
5  六至八层平面图

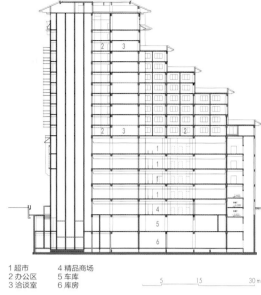

1 超市        4 精品商场
2 办公区      5 车库
3 洽谈室      6 库房

**3**

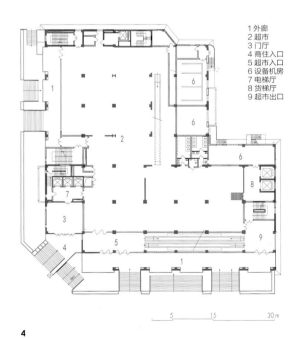

1 外廊
2 超市
3 门厅
4 商住入口
5 超市入口
6 设备机房
7 电梯厅
8 货梯厅
9 超市出口

**4**

1 写字间
2 洽谈室
3 上人屋面

**5**

# 金石国际大厦

Jinshi International Building

建筑面积　78132 m²

金石国际大厦是一座大型综合性建筑，其主要包括一座五星级酒店、公司办公楼、餐饮区、娱乐区等，规模庞大，功能复杂，采用了简单高效同时又最经济的矩形平面，在有限的场地上合理地组织了建筑与城市建筑内部的交通流线；采用了大进深的平面布置方式，引入中庭，既解决了功能需求，又丰富了室内空间。大厦在整体气质上尊重了所处的城市环境，较好地融入城市肌理之中，立面朴实、大气、精致，造型简洁、挺拔。高大的柱廊、方窗矩阵，纯天然的花岗岩贴面，无不体现了金石的厚重与质朴。

1　东立面
2　平面图
3　大堂
4　大厦全景

1

2

3

# 凯爱大厦

Kaiai Building

建筑面积　65000 m²

凯爱大厦位于北大街西华门路口的西北角，南与代表西安历史文化的钟鼓楼广场相距一个街区，北与明代城门遥遥相望。主、辅楼地上部分分别为 19 层和 12 层，其中 4 层以下为商铺。凯爱大厦设计三段式构图、坡屋顶造型、深灰色调、拱门设计均来自周围的历史环境和传统建筑，作为现代商业化设施，其建筑设计植根于传统且结合现实，满足城市经济发展的需要，同时在与历史环境的协调方面取得良好的效果。

1　大厦鸟瞰
2　沿街透视

2

南阳卓筑置业有限公司——河南油田科研基地

Nanyang Zhuozhu Property Co., Ltd. — Henan Oilfield Scientific Research Center

建筑面积 107693 m²
用地面积 31003 m²

项目位于河南省南阳市城乡一体化示范区，光武路和长江西一路交叉口东南角，功能以科研、办公为主，总用地面积 31003.0 m²，总建筑面积 107693.50 m²，地上 90448.43 m²，地下 17245.07 m²，建筑高度 40.45 m，地上 10 层，地下 1 层，停车总计 723 辆。项目背景是打造南阳市重要办公建筑组群，主体建筑要高效实用，同时兼具地标性，目标是建成体现企业精神的办公建筑，带动周边用地的经济效应。

该项目选址临近机场，用地狭长，有航空限高限制，不能树立高耸的建筑形象。该项设计在满足规划条件的前提下，主体建筑采用两个"L"形的高层建筑，通过空中连廊进行空间组合，沿光武路方向东西两侧平衡展开，形成内外两个庭院空间，东侧靠近公园用地的是机关办公主楼，围合的是前广场，西侧靠近长江西一路的是科研办公楼，围合的是内庭院，机关办公楼底层架空，将东侧的公园绿地景观引入基地之中，内外两个庭院景观贯通，形成良好的景观公共空间。

在航空限高、用地狭长的限制下，通过建筑体量和空间的组合，完满地解决了建筑功能、建筑形象所面临的困境。建成后的写字楼高效实用，同时兼具地标性。建筑细部的构造节点详图设计使项目建成后的实际效果与设计方案高度匹配。主体建筑内外部形象很好地体现出现代企业精神，提升城市形象。

1

1　从光武路看本案
2　总平面图

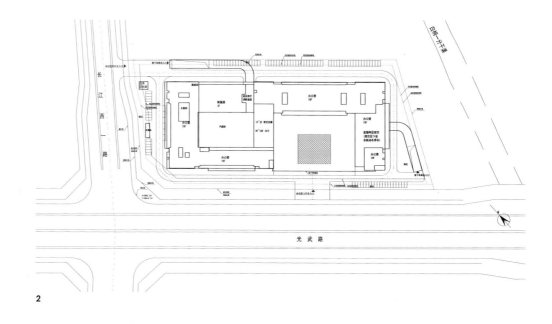

**2**

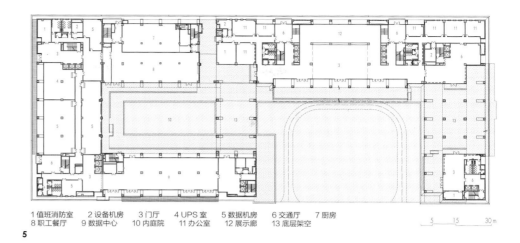

1 值班消防室    2 设备机房    3 门厅    4 UPS 室    5 数据机房    6 交通厅    7 厨房
8 职工餐厅    9 数据中心    10 内庭院    11 办公室    12 展示廊    13 底层架空

5

3  内广场人视 1
4  内广场人视 2
5  一层平面图
6  内广场人视 3
7  从附属楼屋顶看内广场
8  从长江西一路看本案

西安群贤庄小区

Xi'an Qunxianzhuang Community

建筑面积 64520 m²

1 主入口
2 总平面图
3 户型平面图（组图）
4 中心花园及水景

　　群贤庄小区位于原唐长安城"四群贤坊"，属高档住宅小区。小区设计既体现古城西安从历史走向未来的风貌，又适应当代人高标准的生活需求和审美需求。总体布局综合考虑了日照绿化、噪声、安全等因素，采用"三线一环、中心花园、三小组团"的设计布局，加以单元错落组合、主干道两侧建筑做立体叠落、重要景观位置做空间扩展变化，形成群贤庄小区住宅布局紧凑、空间变化丰富、建筑组合疏密有致的总体特色。

　　群贤庄小区住宅平面设计体现了"以人为本"的设计原则，最大限度地为住户创造舒适、卫生、文明、便捷的生活居所。剖面设计的变化，丰富了单元类型，美化了建筑轮廓，增加了可开发面积，也为小区创造了富有个性特色的开放空间。小区建筑群一层及重点装饰部位采用暖灰色天然石材，楼层墙面采用浅灰色天然石材，屋面采用黑色石板瓦，以保持整体的高雅、明快、和谐。

　　该项目荣获建设部优秀设计一等奖、全国优秀工程勘察设计金质奖、中国建筑学会建筑创作佳作奖、新中国成立60周年中国建筑学会建筑创作大奖。

**2**

**3**

**4**

5  住宅透视
6  中心花园及健身区
7  小区主轴线鸟瞰

商业 酒店 办公 居住建筑　　西安群贤庄小区

# 风景区 旅游景区建筑

*Architecture of Scenic Spots and Tourist Attractions*

# 大唐芙蓉园

Tang Paradise

建筑面积　87120 m²
用地面积　610200 m²

大唐芙蓉园位于中国历史上久负盛名的皇家园林和京都公共自然景区"曲江"之地，距其西面大雁塔约 500 m。这是一座以唐文化为内涵、以古典皇家园林格局为载体，因借曲江山水，演绎盛唐名园，服务于当代的大型文化主题公园。总体规划和建筑设计力求做到历史风貌、现状地形和现代旅游功能三者有机结合。

**盛唐苑囿的山水格局**

据历史文献描述，盛唐芙蓉园采用充分利用地形、崇尚天然的自然山水式布局。公园规划设计结合现状地貌形态，延续南高北低之状：南区岗峦起伏、溪河缭绕，强调该区东高西低的特点，于东南部设置全园主峰；北区湖池坦荡、水阔天高，位于中心区北凸南凹的腰月

1

1 西大门　　　　　　26 梅花谷
2 南门　　　　　　　27 赏雪亭
3 北门　　　　　　　28 芦花飞雪
4 东门　　　　　　　29 贵妃汀
5 凤鸣九天　　　　　30 《丽人行》(雕塑)
6 紫云楼　　　　　　31 仕女馆
7 御宴宫　　　　　　32 彩霞亭廊
8 曲水流觞　　　　　33 玫瑰园
9 唐集市　　　　　　34 桃花坞
10 宿舍　　　　　　 35 芳林苑
11 寻诗径(唐诗林)　36 芳林桥
12 《诗魂》(雕塑)　 37 花鱼港
13 茱萸台　　　　　　38 观澜台
14 马球场用地　　　　39 焰火岛
15 芙蓉桥　　　　　　40 双亭
16 儿童天地　　　　　41 大喷泉(水幕电影)
17 《儿童智乐》(雕塑)42 竹里馆
18 龙舟　　　　　　　43 紫气东来亭
19 陆羽茶社　　　　　44 动力中心
20 曲江亭　　　　　　45 1号地下车库
21 杏园　　　　　　　46 3号地下车库兼人防
22-1 北码头　　　　　47 公厕
22-2 南码头　　　　　48 停车场
23 办公区、职工食堂　49 花圃用地
24 牡丹亭
25 柳岸春晓

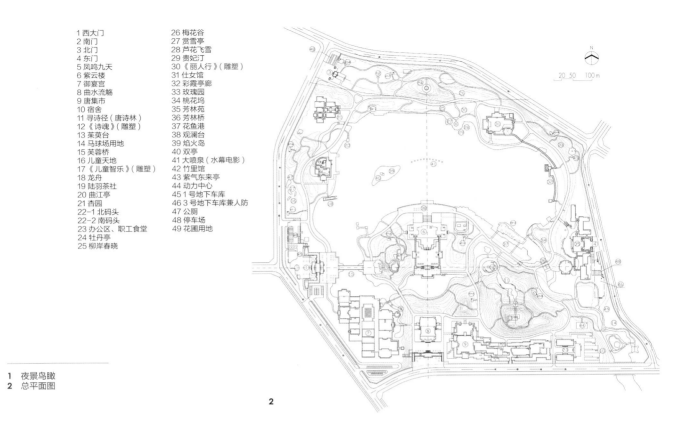

1  夜景鸟瞰
2  总平面图

2

形主湖面呈回环之势。园中瀑布、湖面、河流、水、池共同组成环形水系串联全园各个景区，成为芙蓉园有机的血脉。

## 皇家园林的总体布局

公园规划继承中国皇家园林天人感应皇权至尊的观念，运用强烈轴线、主从有序、层级分明的布局手法，构成气势恢宏、因山就水的景观体系，通过四大景区呈现。中心部位的中轴区为公园主轴，由南向北依次设置南门、凤鸣九天剧场、紫云湖和紫云楼；西侧御宴宫和曲水流觞构成西翼区；东侧唐集市、主峰及其北麓《诗魂》群雕为东翼区；湖面及其四周18景构成环湖区；各区各点之间运用对景、借景、障景等手法，结合地形地貌特征，使之相互成景得景，共同构成庞大的、丰富的园林景观体系。

## 主从有序、风采各异的景点设置

公园建筑既有宫廷建筑的礼制文化，又富有园林中诗情画意的艺术追求。

---

3　芳林阁
4　芳林苑内庭院
5　陆羽茶社
6　紫云楼与大雁塔相映

4

5

6

7　彩霞长廊
8　水上曲桥
9　芳林阁夜景

全园 40 余项建筑在设计中从形制、体量、高度、色彩等方面，使不同景点建筑在协调中突出对比、在差异中寻求和谐，构建丰富多样的唐式风貌。紫云楼、西大门、望春阁三大标志性建筑统领全园、控制各区。建筑、园林共同形成主从有序的传统园林空间艺术效果。公园设计将公共建筑与园林建筑的尺度把控巧妙处理，以小见大、分散体量、化整为零。

　　芙蓉园设计融汇传统园林设计手法，使全园形成一个多样统一、丰富和谐的有机整体。

9

# 曲江池遗址公园

Qujiang Pool Relic Park

建筑面积　21519 m²
用地面积　583600 m²

　　曲江池自秦汉以来即是以山水自然风光著称的游览胜地，到唐代又经疏浚、整流达到鼎盛。曲江池分南北两部分。北部在唐城墙以内，先期已建成"大唐芙蓉园"。为恢复生态，向市民提供开放式休闲场所，西安市启动了曲江池遗址公园项目。公园北接大唐芙蓉园，南临秦二世陵遗址，东与寒窑相通。设计依托周边丰富的旅游文化资源，根据考古部门提供的池体边界确定池形，再现曲江地区"青林重复，绿水弥

1　管理中心
2　员工休息亭
3　游客服务中心
4　疏林人家
5　曲江亭
6　祈雨亭
7　码头亭1
8　柳桥
9　阅江楼
10　阅江楼——西楼
11　阅江楼——古岸亭
12　藕香榭
13　荷廊
14　俯莲亭
15　钓鱼台
16　逸仙桥
17　江上居
18　片云桥
19　畅观楼
20　凉殿
21　茶亭
22　听泉榭
23　月色江声亭
24　长廊
25　码头亭2
26-1,2 公厕
27　码头亭3
28　直燃机房1
29　直燃机房2
30　停车场

1

1　总平面图
2　曲水驳岸
3　北池鸟瞰
4　南池鸟瞰

5　江滩跌水
6　小飞桥
7　江上居
8　阅江楼北望

漫"的山水人文格局；构建集生态环境重建、观光休闲服务功能于一体的综合性城市生态文化休闲区。根据唐诗对曲江池诗情画意的描述，设计团队设计了曲江亭、疏林人家、芦荡栈道、柳堤、祈雨亭、阅江楼、云韶居、荷廊、畅观楼、江滩跌水十大景点。建筑为民间的唐代风格，不设斗拱，基调是木色、灰瓦、白墙，建筑形式力求朴实、明朗。

# 西安世界园艺博览会天人长安塔

Expo 2011 Xi'an Tianren Chang'an Tower

建筑面积　13060 m²

2011 西安世界园艺博览会（以下简称"世园会"）用地 418 hm²，水域面积 188 hm²。虽有岗峦起伏，但总的地形比较平坦。长安塔是世园会标志性主体建筑，高度宜高不宜低。长安历史上最高的木结构塔是位于城西南隅的大总持寺和大庄严寺 97 m 高的双塔。"槛外低秦岭，窗中小渭川"（〔唐〕岑参）。"梵宇出三天，登临望八川。开襟坐霄汉，挥手拂云烟。"（〔唐〕宋之问）。设计以天人长安为主旨，希望从城市和园区任一角度都可以识别这是长安之塔；希望塔融入园区和更远的山水环境，塔中游人有身临山水之间的感受。

塔体呈方形，高 95 m，采用外框内筒钢结构。7 明层 6 暗层，逐层收分，悬挑平座，深远出檐。屋顶、挑檐，明层采用超白玻璃，墙、柱、梁、椽和檐下构件采用银灰色铝镁锰合金板幕墙。塔体细部简明的韵律、构件，鲜明的节奏，使长安塔闪亮、透明如水晶之塔。

明层落地玻璃幕墙退后圆形金属檐柱，在立面上形成具有强烈立体感的光影效果。人在其中视野开阔，全园景色尽收眼底。把七个明层的塔心筒墙面视作一幅总高约 31 m，总面积为 1400 m² 的巨画，用油画的手法分 7 段绘出一组菩提树林。园中塔、塔中树，象征着圣洁、和平、永恒。四季晨昏，行走塔中，能感受到万古长青、绿色永恒的意境。设计体现了天人合一的主题思想。

1　自然馆、长安塔、创意馆和而不同
2　总平面图
3　一层平面图
4　一层暗层平面图

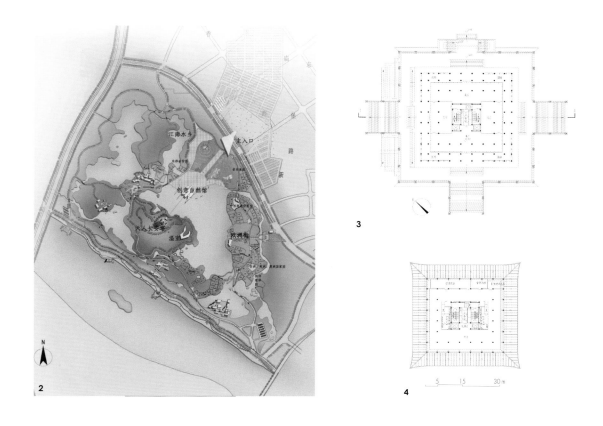

3

4

5    15    30 m

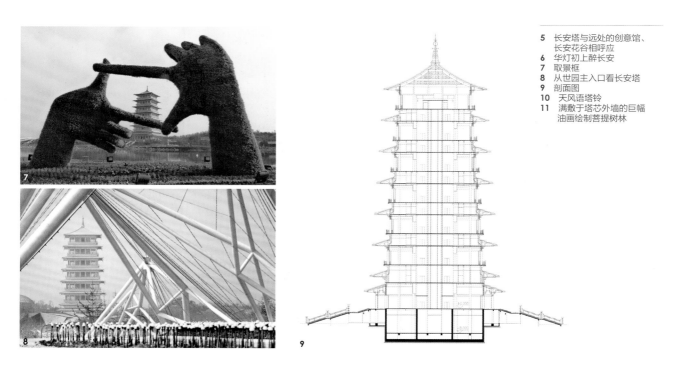

5　长安塔与远处的创意馆、
　　长安花谷相呼应
6　华灯初上醉长安
7　取景框
8　从世园主入口看长安塔
9　剖面图
10　天风语塔铃
11　满敷于塔芯外墙的巨幅
　　油画绘制菩提树林

# 华清宫文化广场

Huaqing Palace Cultural Plaza

建筑面积 87184 m²
用地面积 12.07 hm²

景点名称

① 长恨歌广场　　　　⑪ 停车库
② 贵妃出浴广场　　　　⑫ 城墙遗址保护带
③ 温泉钱广场　　　　　⑬ 生态停车场
④ 春寒赐浴广场　　　　⑭ 商业内街
⑤ 唐姬应召城雕塑广场　⑮ 西区商业大院
⑥ 府幄言言、泰置汤池雕塑广场　⑯ 东区商业大院
⑦ 西园　　　　　　　　⑰ 华清餐厅
⑧ 东园
⑨ 温身浴德雕塑广场
⑩ 汉武拓宫雕塑广场

1

华清宫文化广场地处西安市临潼区，南临华清宫和骊山景区，北接临潼老城区。该项目以城市规划高度，从城市设计视角，遵循历史遗产保护原则，通过总体规划、城市设计、建筑及园林景观设计协同完成，使保护与发展、文化与旅游完美结合。项目具有以下特点。

**注重合理的性质定位**

华清宫文化广场是唐华清宫与临潼现代城区接合部的标志性空间，既突出了唐文化内涵，又处理了旅游接待功能，更为市民提供了生活服务和休闲娱乐场所，为城市营建了绿地空间。

2

1   总平面图
2   全景鸟瞰
3   长恨歌广场鸟瞰

### 注重突出历史文化主题

本项目结合地形，延续华清宫景区历史形成的三条轴线和唐昭应县城南大街主轴，设计四处文化广场，用主题雕塑突出盛唐华清宫历史文化底蕴。

### 切实保护唐昭应县城墙遗址

项目尊重文物保护要求，将唐城墙遗址保护措施及现状进行展示，并结合流线设计科学的展示路径。

## 注重因地制宜的竖向设计

项目基地南侧唐华清宫景区比北侧临潼城区高出 10 m，基地东高西低，落差为 12 m。设计师利用场地细化竖向设计，借用园林手法，结合建筑功能分区，巧妙地消融高差的不利。

## 地下空间开发、地上生态修复

为烘托华清宫景区的盛唐风貌，为城市公共场所创造生态型空间，本项目在地下进行大规模商业服务性开发、在地上进行郁郁葱葱文化绿地展示。

## 兼具文商旅活力的建筑设计

本项目将地上建筑设置于基地东西两端，以保证中部北侧华清宫景区前区完整的历史风貌展示。东段景区配套建筑采用街巷空间，西段则营造院落趣味，用唐风建筑元素呼应华清宫景区。

## 注重丰富切题的景观设计

项目结合华清宫历史文化，设计主题契合的雕塑及景观节点。项目依托骊山丰富的植物谱系，配置本土性苗木，层次丰富，四季风景如画。

4  西区大院与唐昭应城城墙遗址
5  广场群与城墙遗址保护带
6  唐昭应城城墙遗址

4

7  从园林区看商业建筑
8  华清餐厅内院
9  地上地下建筑联通空间
10  东庭院鸟瞰

Ci'en Temple, Xuan Zang Memorial and the South Square of the Dayan Pagoda

建筑面积　4748 m² (纪念院) 20900 m² (南广场)

大慈恩寺为唐代皇家寺院，现仅存从山门至大雁塔的中轴建筑群。本规划以保护文物、完善功能、协调风格、增加绿地、优化环境为原则。全寺规划了中、东、西三路。塔体两侧规划为寺庙园林。塔北为相对独立的玄奘纪念院。根据国家文物局的规定，塔南的新增建筑为明清风格，塔北的新增建筑取唐代风格。

玄奘纪念院的设计充分体现了盛唐建筑风格，取材于敦煌壁画中弥勒佛居住的兜率天宫，采用横列三院式的布局，三个庭院一主二次，浑然一体。

大雁塔南广场位于西安名刹大慈恩寺山门前，因寺内有唐代大雁塔故得名。唐代大雁塔的首创人、世界文化名人玄奘的纪念像位于该广场的花岗石铺地之中心，两侧有绿化广场相映衬。

1 规划平面图
2 玄奘法师纪念院内庭
3 大雁塔南广场
4 大雁塔俯瞰玄奘法师纪念院

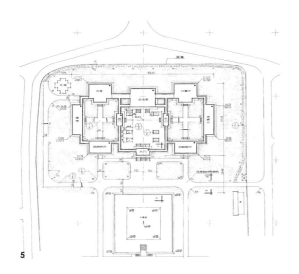

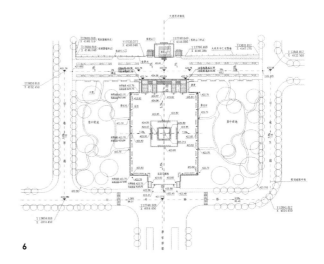

5

6

7

5 玄奘纪念院总平面图
6 南广场总平面图
7 全景鸟瞰
8 玄奘纪念雕像与
  大雁塔
9 手绘鸟瞰

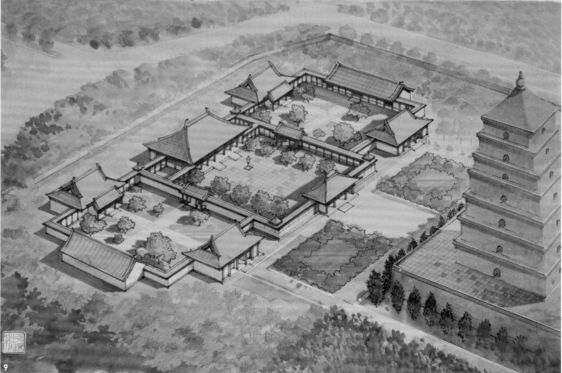

# 西安渼陂湖水系生态区（一期）文化项目

用地面积 8850000 m²

Xi'an Meibei Lake Water System Ecological Area (Phase 1) Cultural Project

西安渼陂湖文化生态旅游区位于西安市鄠邑区以西、涝河西畔，是秦汉上林苑、唐代游览胜地，素有"关中山水最佳处"之美誉。

## 规划构思

按照"山水林田湖一体化"的思路，遵循"八水润长安"的历史文化内涵，实现"三修复一统筹"（水系修复、生态修复、文化修复建设和城乡统筹）。团队通过调研、梳理、分析项目所在区域的各项发展条件，深入挖掘优势潜能，充分利用丰富的水资源、历史文化资源，以历史文化传承为主脉、以历史水系恢复为主干、以民俗艺术体验为特色，实现传文化、治水系、复生态、兴旅业、建水镇、美乡村的总体目标，按照 5A 景区的标准，将渼陂湖打造成为最具原乡风貌的文化生态区。

## 空间布置

结合场地现状条件和当地人文历史发展基础，规划从总体上构成了"一核、一轴、两廊、多节点"的空间格局。

1 灃阳湖远眺
2 云溪塔远眺紫烟阁
3 总平面图

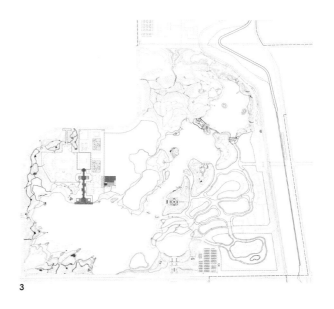

3

一核：以渼陂湖中央水系为中心，沿其布局的历史人文景观节点与渼陂湖共同组成了文化景观核。

一轴：以生态水系为底，由基地北入口起，止于南入口而形成的景观空间轴，沿景观轴布置有空翠堂、紫烟阁、渼陂书院、云溪寺、云溪塔、渼陂亭等重要景观节点。

两廊：以渼陂湖水系为中心，打造出西侧体现民俗文化和关中乡野之美的民俗体验廊，以及东侧表现渼陂文化之韵的休闲度假廊。

多节点：以渼陂湖历史文化为基础，结合现代产业功能打造的文化景观节点，包含"农民艺术""民俗度假""生态湿地""运动康体""水上乐园"等多个建筑和景观节点。

## 水体设计创新与特色

因地制宜，尊重历史——水体形态的设计需要综合考虑基地现状条件和历史考证古渼陂湖的范围，通过现场调研、勘察渼陂湖及周边现状情况，设计水体尽量与古渼陂湖的界线贴合，使历史记忆中的关中山水最佳处水乡景象得以恢复。

因景而生，注重观赏——结合主要景观节点对水环境需求设置水体。为避免水体景观的同质化，一期水体以主从有序的大水面和溪流为主，二期水体以收放灵活生态湿地为主，充分营造自然山水景观空间，多视角展现灵动而有内涵的水体景观。

因形就势，效益兼顾——水体设计以场地的现状标高和周围驳岸标高为基础，科学合理地确定水的深度，在保证水体景观效果和满足后期运营管理的前提下，尽量减少土方开挖，不改变原有水体格局，做到经济与生态效益并重。

## 建筑设计创新与特色

渼陂湖地区历史悠远，可追溯至商

4 云溪塔鸟瞰
5 渼陂湖南望
6 云溪塔与紫烟阁相望
7 紫烟阁

5

周，在唐代因其山水形胜又地处京畿，广受文人雅士喜爱，常来此游赏宴饮，并多留赞誉诗篇，加之唐代兴修水利扩大了其水域面积，渼陂湖达到鼎盛。宋代渼陂湖虽不似唐时繁盛，但因其风景秀美，物产丰饶仍吸引了不少文人雅士来此游历。自元以后，由于战乱，渼陂湖逐渐衰落，湖光山色仍在，人文气质却不复当年。到明代，又有王九思在此兴学，建立书院。也是因渼陂湖风景秀美，还有先贤留下墨迹。本次规划将规划区域（主要是一期启动区）内的主要人文景观建筑的风格定位为"体现唐代

建筑的风貌"的基调。建筑造型讲求唐代建筑的舒展大气，设计中做到出檐深远，檐下处理简洁清晰。对于少数有明确记载的几组其他时代的建筑，明代王九思所建渼陂书院，以及秦代賷阳宫虽已无原物的遗存，但设计中仍以所记年代的建筑风格保持其建筑基调。建筑比例关系、屋面造型分别按明清风格和秦汉风格设计。运用现代的处理方式、结构构造，使其具有现代的建筑特点。建筑设计采用现代结构做法，以钢材和新型工艺的木材为框架，结合新材料、新工艺，对传统做法进行重新演绎，形成

8  庭院景观
9  书院入口
10 庭院一隅

新的构架形式。对于建筑细节，设计以现代的构造手法来代替传统的古建斗拱的构件，更简洁，更清晰，同时又具有强烈的中国传统木构建筑的造型特点。建筑整体既保持了中国传统建筑的风格特点，又有现代建筑的时代特色。规划范围内的现有村庄，是典型的关中乡土民居，其中尚有部分保存良好、地方特色浓郁的传统民居建筑。这些建筑承载着关中农村的乡土乡情，应当好好加以保护并适当改造利用。所以根据村落所处的位置以及规划功能的不同，进行重建或改造。对于这些大量的农村建筑，不论改造或新建，均以展现传统民居建筑特色和乡土村落风貌为原则进行设计。延用传统民居建筑的造型手法如硬山屋顶，立面划分的原则等，使用一些常见的传统材料、构造，如灰瓦、屋脊、泥墙，以及花格门窗中抽取的传统符号等。区别于具有浓郁的关中原乡气息的乡土建筑，水镇建筑适当增加商业气氛和市镇风貌，更多采用青砖墙，做砖雕，增加院门等。虽然村落和水镇要传承传统，体现乡土，但设计时也兼顾建筑的现代性和新的使用需求，使用新材料、新工艺、新的结构形式和新的开窗形式，以满足现代生活的采光通风需要。

建筑面积 18044 m²

用地面积 49.33 hm²

兴庆宫是唐长安城三大宫殿群之一，是盛唐文化的重要标识。1955年，西安交通大学西迁至其南侧，之后在遗址区西南角建立了国内首座遗址公园，其用地面积约是史载唐兴庆宫面积的三分之一。2020年12月再次启动了唐兴庆宫公园提升改造工作。

今日的兴庆宫公园富有三项历史特征，即"盛唐宫苑历史格局、近代西迁精神、西安首座人民公园"，本次提升目标是协调统筹三项特征，呈现历史文脉、奋斗精神和城市记忆。

秉持"人民公园为人民"的设计原则，以"遗址保护、文化引领、生态修复、以人为本、提升设施、增进福祉"的建设理念，坚持公园"格局不变、湖形不变、建筑不增"的原则，以湖水生态治理为基础，以遗址保护及设施提升为目的，以人民需求为导向，因地制宜，有机更新，系统提升公园品质。

公园建设最大限度地保持唐兴庆宫遗址及其背景环境的真实性和完整性，全面客观地阐释和展示遗址核心价值。公园服务配套项目提升既要有利于文物保护，又要有利于经济发展、文化建设和生态环境改善；既要保护好遗址，又要发挥文化普及和城市公园的作用，使公园达到可持续发展的状态。

兴庆宫公园规划继承"一湖、一环、六区"的总体空间布局。针对各区重要节点的建筑、服务设施及景观环境进行整体提升改造，如南面通阳门区域、西

1　总平面
2　公园西侧全景鸟瞰
3　公园主轴线鸟瞰

面金明门区域、核心区龙堂和南薰阁等。园林环境采用"正格局、植花木"的修缮手法再现盛唐富丽美景，重塑南北主轴线通阳门内外礼仪空间，重塑皇家园林恢宏气势。

技术创新方面，仿唐风格建筑采用大跨无柱空间，立面设计采用现代材料，全面适应现代功能和节能绿建需求。

公园以盛唐宫苑文化为底蕴、皇家山水园林为格局，通过全园文化赋能、环境提升，重塑集遗址保护展示、园林休闲娱乐、文化交流体验、智慧景区服务等于一体的具有唐文化标识的城市市民公园。

4　阿倍仲麻吕纪念碑
5　南熏阁
6　长庆轩
7　龙堂外景
8　龙堂

1

　　法门寺自古以珍藏释迦牟尼真身舍利于宝塔中而著称，因年代久远寺衰塔倾。1987 年，工程人员在修复倒塌的法门寺真身宝塔时，发现塔下地宫内藏佛指舍利等珍贵文物，法门寺工程由此而起。该工程对原有寺院进行整修、扩建，同时建造法门寺博物馆，形成了东、中、西三院的大型寺院建筑综合体。法门寺工程体现的是盛唐皇家寺院风貌。

　　主殿大雄宝殿位于宝塔之北、中院中轴线上，庞殿屋顶斗拱宏大，出檐深远，回廊环绕，取得了庄严凝重的效果。东院八角攒尖的千佛阁与西院四角攒尖的珍宝阁遥相呼应。3 个院区建筑高低错落，宝塔高耸，庄严而不失活泼。建筑形体变化灵活，群体轮廓丰富。整个工程建筑采用青灰瓦、红梁柱、灰白墙，不施彩画，风格古朴典雅、庄重大方。

1  法门寺全景
2  法门寺中院

3

3　大雄宝殿
4　中院内庭
5　远眺钟鼓楼

# 龙门景区前区

The Front Area of Longmen Area

建筑面积 120000 m²
用地面积 540000 m²

该项目位于洛阳市南郊龙门石窟风景区内，距离洛阳老城区约 10 km。龙门石窟开凿于北魏，唐代是龙门石窟的主要成形期，全盛于唐朝，龙门石窟是唐文化重要展示地。规划设计依据现状地形环境，从中国传统的构图手法入手，体现空间层次，丰富景观效果。这张图是中国的一张传统绘画，可以看出，前景是水流潺潺，背景是青山林立，中间在绿林掩映中有一古代村镇，整个画面绿荫掩映，自然舒畅。龙门景区前区设计就从这张古画着手构思，根据现状的伊河和西山，分别作为场地的前景和背景。用地内设计生态林带和龙门古镇，使龙门古镇建筑掩映在绿荫里，依稀可见、营造出自然幽静、平和朴实的环境氛围。整个项目分为 4 大部分，即伊河、林带、古镇和西山，建筑面积为 12 万 m²。该项目建筑主要在龙门古镇区。龙门古镇借鉴古镇格局，分别设有演艺中心、售票中心、游客服务中心、展示中心、餐饮中心、传统商业街、西山酒店、会所、民宿等多种功能区域。建筑形式以传统街巷布局为骨架，穿插院落空间，形成高低错落、变化丰富的天际轮廓线。整个建筑风貌依托唐文化背景，突出唐风建筑特点，并融入乡土建筑元素。古镇整体建筑灰砖素木，是一个突出唐代建筑特点的唐风古镇。

1　主轴区鸟瞰
2　东侧俯瞰景区前区与伊河
3　总平面

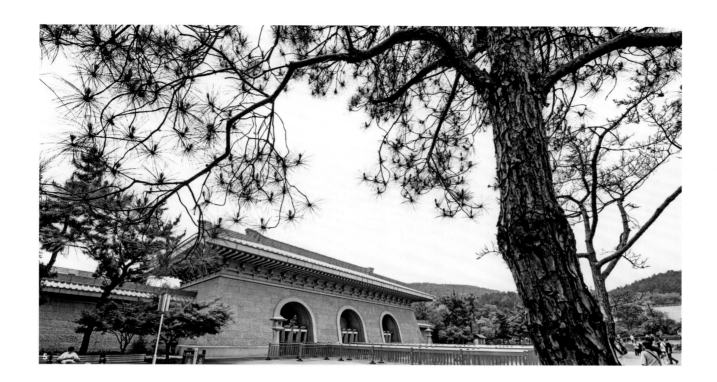

4  古城门楼
5  大石门
6  商业街内景

徐州园博会石山消防瞭望塔（吕梁阁）

Shishan Fire Control Lookout Tower (Lyuliang Pavilion) for Xuzhou International Garden Expo

建筑面积　4566.9 m²

1　东北侧主入口

石山消防瞭望塔（吕梁阁）位于园博会内悬水湖东岸的山体之上，是一座充分与环境相融合、采用现代建筑材料以体现仿汉楼阁建筑风貌的现代建筑。

## 结合"风水"的楼阁选址

根据中国传统文化依山就势建设的楼阁，以其高耸的体量与气势，可以很好地成为全园的核心，占据统领地位。各层的室外观景环廊位于临湖一侧的山体顶面，可以实现登高望远、俯瞰全园的观览效果。该选址更好地体现了作为核心公共建筑应有的"看与被看"的设计思想。

从传统风水学的角度，吕梁阁的选址背有坐山和主山，且其主山之后有连绵的山脉向北延伸。选址西侧有悬水湖，形成视线开阔的"明堂"，两侧为青龙山、白虎山，主山、选址、悬水湖的延伸线为案山和朝山，形成"原其所始，乘其所止""内承龙气、外接堂气""龙穴砂水无美不收，形势理气诸其咸备"的最佳选址。

## 仿汉建筑风格

旅游界有一种说法叫"秦唐看西安，明清看北京，两汉看徐州"。徐州历史悠久，文化底蕴深厚，其中以两汉文

2 主入口广场
3 总平面图

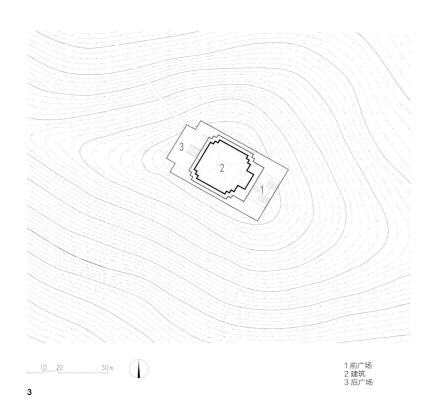

10  20    50 m

3

化（"汉代三绝"——汉兵马俑、汉墓、汉画像石）最具代表性。故本次以园博会为契机，以传统楼阁为载体，以汉文化为内涵，因借吕梁山水，实现"徐州特色，世界闻名"的设计效果。

吕梁阁的设计建造过程充分体现了工业化生产、装配化施工、信息化管理的时代特征，是一座充分与环境相融合、采用现代建筑材料以体现仿汉楼阁风貌的现代建筑。

结构装配：除核心筒采用混凝土外，其余结构包括竖向的梁柱，装饰的斗拱、檩条均采用钢结构，可在工厂加工，现场组装；楼板采用钢筋桁架楼承板，减少现场支模及湿作业。

立面装配：外包铝板、玻璃幕墙、金属屋面均是标准化构件，工厂生产，装配式施工。整个建筑预制装配率可达71.63%，装配式建筑综合评定等级为二星级。

吕梁阁在外形设计上，大胆地摒弃了传统建筑物过于写实的色彩，檐下斗拱、连檐、梁和柱、金属栏杆等均使用了纯色的仿栗色，金属瓦屋面呈深灰色。

顶层屋脊采用金箔外贴，这对于吕梁阁的整体效果提升尤为关键。为确保金箔的光泽度和耐久性，采用"敷贴法"（共13道工序）实施。

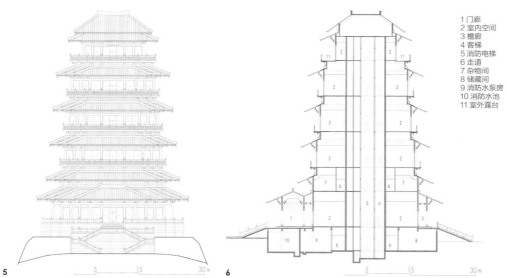

1 门廊
2 室内空间
3 檐廊
4 客梯
5 消防电梯
6 走道
7 杂物间
8 储藏间
9 消防水泵房
10 消防水池
11 室外露台

5　5　15　30 m

6　5　15　30 m

4 园区东南侧鸟瞰图
5 正立面图
6 剖面图
7 金属瓦屋面俯视图
8 顶层室外观景环廊

丹凤县棣花文化旅游区修建性详细规划

Detailed Construction Plan on the Dihua Cultural Tourism Area of Danfeng County

用地面积　348900 m²

1

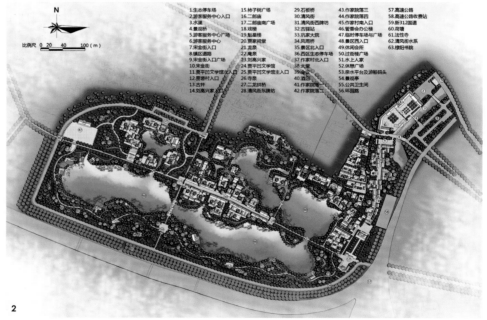

1.生态停车场　　15.柿子树广场　　29.石板桥　　43.作家院落三　　57.高速公路
2.游客服务中心入口　16.二郎庙　　30.清风街　　44.作家院落四　　58.高速公路收费站
3.水溪　　　　　17.二郎庙南广场　31.清风街西牌坊　45.作家村南入口　59.新312国道
4.景观桥　　　　18.戏楼　　　　32.古驿站　　46.管委会办公楼　60.荷塘
5.游客服务中心广场　19.魁星楼　　　33.沉家大院　　47.临时停车场与广场　61.法性寺
6.游客服务中心　20.贾家阁堂　　34.风雨桥　　48.景区西入口　62.清风街水系
7.宋金街入口　　21.龙泉　　　　35.景区北入口　49.休闲会所　63.棣阳书院
8.宋金街入口广场　22.庵泉　　　　36.西区生态停车场　50.过街楼广场
9.宋金街入口广场　23.刘高兴家　　37.作家村北入口　51.水上人家
10.宋金街　　　24.贾平凹文学馆　38.大家　　　　52.休憩广场
11.贾平凹文学馆入口　25.贾平凹文学馆主入口　39.油坊　　　53.亲水平台与游船码头
12.贾塝村入口　26.寺亭　　　　40.酒庄　　　　54.景观平台
13.古井　　　27.二龙戏珠桥　41.作家院落一　55.公共卫生间
14.刘高兴家入口　28.清风街乐牌坊　42.作家院落二　56.环形路

2

　　规划总体上构成了"一心、两街、　　水上人家及观光休闲空间，形成以荷塘
三片"空间结构。其中"一心"为百亩　　为核心的古村落水乡景观系统。"两街"
荷塘区。荷塘水系穿插于用地片区之中，　分别为清风街和宋金街。清风街规划为
沿荷塘周边设置游船码头、高档会所、　以贾平凹作品《秦腔》中的情景人物为

素材的步行商业街，是重点打造平凹文化的区域之一；宋金街规划为以宋金历史人文为背景的步行商业街，通过二龙拱桥景观节点将两条商业街连为一体。

"三片"：分别为游客服务中心片区、贾塬村片区和作家村片区，主要为居住、休闲、会议等活动提供场所。其建筑布局在风格、色彩、体量以及群体组合上突出当地民居特色，因形就势，构成主从有序、高低错落的整体风貌。其规划

1 荷塘月色
2 规划总平面图
3 游客服务中心鸟瞰图

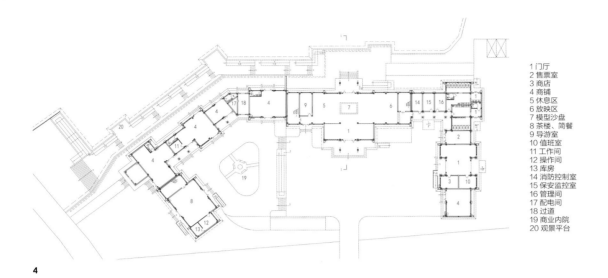

4

1 门厅
2 售票室
3 商店
4 商铺
5 休息区
6 放映区
7 模型沙盘
8 茶楼、简餐
9 导游室
10 值班室
11 工作间
12 操作间
13 库房
14 消防控制室
15 保安监控室
16 管理间
17 配电间
18 过道
19 商业内院
20 观景平台

设计将原 312 国道下拱形桥梁作为通道，通过立体交叉解决此处的交通流线问题，景区的人流通过靠近东侧防洪渠的坡道，下到桥底，桥底标高与宋金街标高基本持平，以此解决了交通冲突。在原有荷塘的基础上，该设计将地势低洼地带改造为荷塘，以水系穿插于用地各个片区中，不同水体形态的水面通过小溪流向大、小水面进而串联为一体，形成丰富多样的荷塘景观。团队还因形就势地布置了道路系统和设施管网，以改善居住条件；在现状基础上增绿补植，以提升生态环境。

4 一层平面图
5 剖面图
6 立面图
7 透视效果图
8 宋金街南入口
9 游客服务中心后部通道
10 二郎庙南望魁星楼
11 清风街内街东望

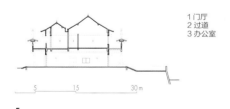

1 门厅
2 过道
3 办公室

5

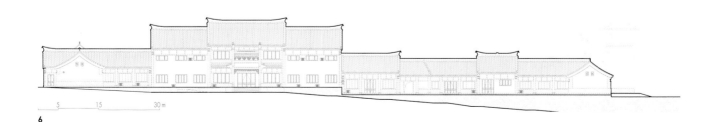

6

延安市二道街环境整治规划设计

Environmental Renovation Planning and Design of the Erdao Street of Yan'an City

建筑面积　73450 m²（新建部分）76000 m²（改造部分）

用地面积　265000 m²

延安是革命圣地、历史名城。经过近 30 年的快速发展，延安取得了巨大的发展成就，但是也产生了一系列城市问题：圣地风貌特色逐渐削弱，山川河流等生态空间破损严重，历史名城保护压力加大，道路拥堵日益加剧，基础设施建设滞后，城市空间缺乏魅力。

二道街片区的功能区位属于城市主中心、三山旅游商业中心，《延安市城市总体规划（2015—2030）》中对该片区功能业态上的规划为：整合改造三山地区的商业设施，突出旅游商业，将传统城市商业功能向各个城市副中心、社区中心分散。

基于对二道街片区的历史、现状、交通、文化、景观、业态等各方面的综合分析，设计团队尝试通过 4 个子项来解决问题。

整个项目共分为 5 个部分，分别为南口启动区、抗大片区、北门广场、中心巷和二道街。针对每个部分不同的具体分体提出解决方案，最终通过小的节点设计打通城市山水视线廊道，提升文化氛围，营造具有特色的城市空间。

一街：二道街全段，总长度约 1100 m。一巷：中心巷片区包括中心巷全段长约 550 m。南口启动区规划面积 7500 m²。抗大片区 20150 m²。北门广场 1427 m²。

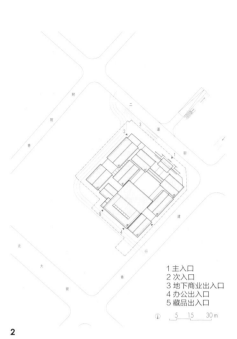

1 主入口
2 次入口
3 地下商业出口
4 办公入口
5 藏品出入口

**2**

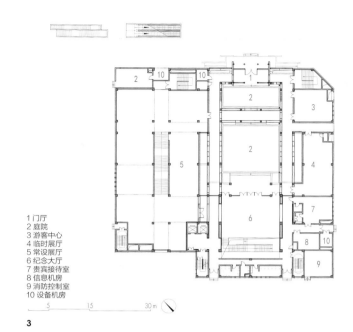

1 门厅
2 庭院
3 游客中心
4 临时展厅
5 常设展厅
6 纪念大厅
7 贵宾接待室
8 信息机房
9 消防控制室
10 设备机房

5    15    30 m

**3**

1 二道街街区鸟瞰图
2 总平面图
3 一层平面图
4 抗大纪念馆

4

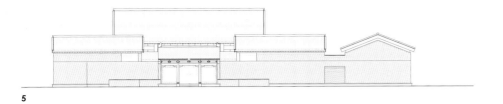

5 立面图
6 剖面图
7 南口片区奥特广场改造街景
8 中心巷街景
9 抗大纪念馆广场
10 中心巷街景 2
11 中心巷街景 3

5

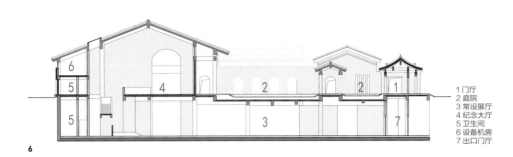

6

1 门厅
2 庭院
3 常设展厅
4 纪念大厅
5 卫生间
6 设备机房
7 出口门厅

阜阳颍州西湖景区一期建设项目

建筑面积 9374 m²

West Lake Scenic Area (Phase 1) Construction Project, Yingzhou District, Fuyang City

颍州西湖位于安徽省阜阳市颍州区，源起于远古，兴于唐，盛于宋，曾与杭州西湖、惠州西湖和扬州西湖并称为中国四大西湖，现为安徽省省级风景名胜区、国家湿地公园。

本次规划设计为颍州西湖景区一期建设项目，由一条贯穿核心景点的环湖生态景观带和综合服务区、思宋怀颍区和古颍芳菲区构成。人文景点主要涵盖兰园、怡园、飞盖桥、撷芳亭、湖亭 5 个子项，均为纯木结构，颍州塔为钢筋混凝土结构，建筑面积为 9347 m²。

兰园、怡园的格局历史文献记载为唐武宗任颍州王时所建，建筑定性为唐

代盛行的邑郊风景园，属园中之园，对内，山水亭榭、花木繁茂，自成体系，同时可外借广袤西湖大山水；对外，两园又是大西湖景区东岸的一组景点。

飞盖桥为横跨水面约 80 m 长的廊桥，该桥具有宋代廊桥特征，形成简洁有序、高低错落的廊桥效果。撷芳亭为宋代建筑，呈现临水设轩迤逦风貌。湖亭位于北端湖心岛上，采用重檐攒尖顶屋面，湖中景物尽收眼底。

各处景点园林建筑特点鲜明，采用中国传统木构体系。本次设计在叠石、理水、种植、铺装、材料等方面力求做到法度严谨，以再现颍州西湖"平湖十

1 颍州西湖
2 湖亭
3 飞盖桥

4 撷芳亭雪景图

| 4 | 撷芳亭雪景图 | 7 | 兰园立面图 |
| 5 | 兰园平面图 | 8 | 兰园剖面图 |
| 6 | 怡园平面图 | 9 | 怡园立面图 |

1 前院
2 兰院前厅
3 东门
4 前院西厅
5 值班室
6 兰院
7 兰堂
8 兰院东厅
9 兰院西厅
10 兰亭
11 休息廊
12 檐廊
13 连廊
14 围墙

5

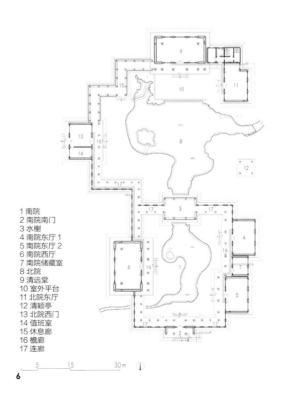

1 南院
2 南院南门
3 水榭
4 南院东厅1
5 南院东厅2
6 南院西厅
7 南院储藏室
8 北院
9 清远堂
10 室外平台
11 北院东厅
12 清颖亭
13 北院西门
14 值班室
15 休息廊
16 檐廊
17 连廊

6

里碧琉璃"平静深远、鸟语苍翠的诗意画卷。

本次设计以阜阳市重点工程"颍州西湖风景区"为规划背景，一期工程对历史记载的颍州西湖36景中的兰园、怡园、飞盖桥、撷芳亭、湖亭5个子项进行规划设计、营造建设，再现历史风貌。

5个子项特点鲜明，论据充分，采用中国传统木构体系，以严谨的设计态度再现西湖盛景。

空间艺术追求小中见大的境界。兰园严整大气，怡园自然而富有山林气，"拳石勺水，咫尺万里"。在小尺度范围内巧妙构思布局，以山水营造壶中洞天的空间特色和境界。

7

8

1 兰堂　2 檐廊　3 连廊　4 兰院东厅　5 兰院前厅　6 东门

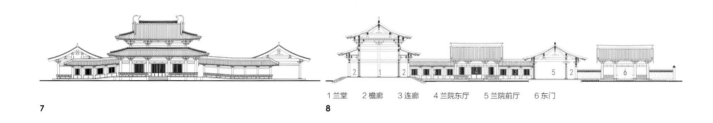

1 南院南门　2 连廊　3 南院西厅　4 水榭　5 北院西门　6 休息廊　7 檐廊　8 清远堂

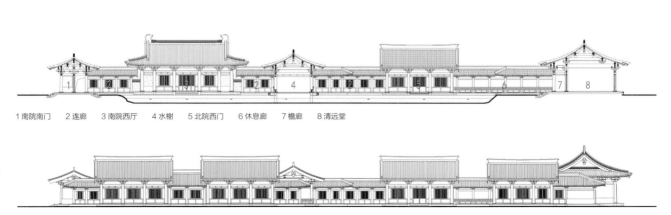

9

10  怡园内院 1        13  怡园内院 2
11  兰园内院          14  怡园内院 3
12  湖面与湖亭

12

建筑师茶座

Teahouse

# 华夏建筑设计研究院
# 30 周年建筑创作座谈会侧记

Sidelights of the 30th Anniversary Symposium of Huaxia Architectural
Design and Research Institute on Architectural Creation

**编者按**

2023 年，中国建筑西北设计研究院有限公司华夏建筑设计研究院（以下简称"华夏院"）成立 30 周年。组建于 1993 年的华夏院，在中国改革开放发展蓬勃的浪潮中应运而生。在 30 年风雨历程中，在张锦秋院士等前辈的指引下，历代华夏人始终为中华优秀传统建筑文化传承与创新发展而拼搏向前。为梳理、总结、传播华夏院 30 年来的经典作品与创作理念，华夏院特邀请《中国建筑文化遗产》《建筑评论》编辑部合作编撰出版《华夏行——华夏院 30 年作品集》一书。2023 年 3 月 22 日，编辑部与华夏院共同举办"华夏建筑设计研究院 30 周年建筑创作座谈会"，邀请华夏院建筑师们尤其是中青年建筑师 20 多人展开交流。大家结合各自在华夏院的创作过程与成长感悟发表了真挚感言。

**许佳轶**（华夏院院长助理，青年建筑师）

2023 年是华夏建筑设计研究院成立 30 周年。在这样一个特别的年份里，我们邀请到"60 后""70 后""80 后"几代华夏人齐聚一堂。前几日，高朝君院长带领几位年轻建筑师拜访了张锦秋院士，张总对从 50 多岁在院领导授意下创立"华夏所"至今走

过的 30 年历程感慨万千，对我们今天的座谈交流活动也非常支持。今天大家交流的目的是希望聆听华夏院前辈工作者对华夏院历程的回望，梳理出独有的"华夏精神"，更希望年轻后辈能够把这种精神和理念不断继承下来，使华夏院为创作出更多精品贡献力量。

**金磊**（中国建筑学会建筑评论学术委员会副理事长、《中国建筑文化遗产》《建筑评论》总编辑）

2023 年，华夏院创立 30 周年。2022 年，编辑部参与了中建西北院成立 70 周年的庆典活动。华夏院在有着 70 年历史的中建西北院的沃土上辛勤耕耘 30 载，取得的成就是有目共睹的。编辑部非常高兴能在华夏院成立 30 年之际，受托策划出版《华夏行——华夏院 30 年作品集》。我个人感觉十分亲切，因我与华夏院第一任院长张锦秋院士相识也已超过 30 载，张院士的"长安意匠"系列著作也是由我们的团队策划出版的。记得在建议张院士撰写第一本作品集时，我的想法是张院士的思想、理论都需要总结，要为后辈留下可传承的设计精神。感谢张院士的信任，我们历经 8 年，在张院士的指导下得以将"七卷本"作品集成功推出。由此，我们今天举行的座谈会乃至未来将推出的作品集，都是在梳理精神、传承理念。

华夏院从第一任所长张锦秋院士，到今天新任领

头人高朝君院长，虽然整个团队在逐步年轻化，但"华夏"两个字的特殊意义始终贯通于华夏院的发展脉络中，我想它体现了对中华传统文化的自信与自强，更是中国建筑师群体实现中国式现代化的典型缩影。华夏院奋斗的 30 年，也是中国改革开放最关键的 30 年，具有特别创新意义的 30 年。相信通过富有创意的策划、编辑、设计方式，这本述说华夏院 30 年不凡成就的作品集，定会让业界乃至社会对华夏院的作品及作品背后的人和事产生别样的共鸣。

**王军**（中建西北院党委书记、董事长，第四任华夏所所长）

华夏院 30 年先后 6 任所长，我认为这 30 年可以分为两个阶段，现在应该承前启后开启第三个阶段。1993—2003 年是第一个阶段，确立了华夏院的设计指导思想，形成了"华夏品牌"。2003—2023 年是第二个阶段，我们延展了业务链条，拓展了覆盖领域，培养并输出了一批人才。接下来，华夏院应该进入第三阶段，在新时代瞄准新的定位，强化传统优势，多板块业务协同创新发展，进一步巩固并扩大市场，擦亮华夏院的国内领先品牌。华夏院的多元业务是指建筑师负责制的全过程咨询服务和存量项目的数字化及价值的再创造。华夏院新的品牌定位应该

是深厚优秀传统建筑文化底蕴的现代咨询设计团队。华夏院的精神是：笃行加创新精神。当然，在总结华夏院 30 年的成果中，应该有历任所长的简介，历任所长依次是张锦秋院士、赵元超大师、王树茂总、熊中元、我本人及高朝君院长，任职时间以西北院正式发布的任免文件时间为准。30 年的总结，要有不一样的风采和面貌，避免与 20 年的总结重复，不能够大同小异。

**王美子**（华夏院总建筑师）

身为华夏院的晚辈，我理解华夏精神是代代传承的。王军院长曾经说过，"咱们华夏院的作品没有绚丽夺目的'视觉游戏'，从张院士开始，对建筑设计一直讲究的就是怀真抱素的赤诚之心"。

在这里，我们一批青年建筑师在参与创作和学习设计过程中，逐步理解了建筑师对传统文化发展与传承的追求，在现代化建设中如何发扬优秀的传统文化、如何把握传承与弘扬的尺度，设计具有历史神韵的现代建筑作品；逐步理解了传承是一种责任，传承的是文化。

对建筑师而言，拿到一个项目首先面对的课题就是传统和现代的关系，怎么把传统文化用现代的设计语言去表达，用现代的建筑材料去构建，如何去

实现张院士提出的"和谐建筑"的理念，实现建筑跟周围的环境相呼应并相融为一体。张院士曾经在《从传统走向未来》一书中，写过一篇关于"形式法则"的文章，其中结合中国传统的建筑思维提出："'形'是微观的形式，是总体的把握；在'势'的基础上，去创造有创意的'形'的建筑才会比较有特色。"所谓大象无形靠的也是周边的大环境相衬托，才能做出简洁、现代的建筑。在我们每天琐碎磨人的画图生活中，张总的教诲像阳光照进我们的工作生活，指导着我们踏实前行，成为支持我们青年建筑师坚持追求更好建筑设计的动力。

我有幸跟随张院士参与了包括大运河博物馆在内的几个重要项目，在整个设计过程中体会到以张院士为代表的前辈建筑师们一丝不苟的工作态度、敏锐的职业思维、超出建筑之外的视野，还有当仁不让的气势，这都令我们发自内心地钦佩，她是我们最好的建筑老师。我深刻地体会张院士对建筑设计——"道"这个层级的把控。从陕西历史博物馆秦汉分馆"象天法地、七星布局"，再到大运河博物馆的"三塔映三湾"，以及国家版本馆西安分馆的"文脉永济，天地共存，承古开今"，这样的思考深度和眼界高度不是一朝一夕可学到的，是无法抄袭的；在大运河博物馆创作后期，张院士问过我们每位参与者有什么样的感想，我切实感受到，张总结合选址提出"三塔映三湾"的理念，就是对这个项目更高层级的"道"的把控。由此想到，青年建筑师们无论是在"道"还是在具体"形"上的设计手法还欠缺很多，要学习的太多。

2016年9月，张院士建筑作品展在陕西历史博物馆举行，当时华夏院的青年建筑师轮流担任志愿者进行现场讲解，这让我们对张院士的创作生涯和作品有了比较系统、完整的感悟和学习。张院士经常说，她非常感谢西安人民对她的信任，人们也经常将张锦秋院士和西安的关系比作"一个人一座城"，张院士之于西安，宛如高迪之于巴塞罗。我们作为亲历者，在整个作品展的现场看到的更多的是西安的普通民众，他们对张总作品真挚地喜爱。

此外，华夏院的诸位前辈，对青年建筑师也关爱有加，形成传授、学习的氛围。华夏院老中青薪火相传，整个设计团队同舟共济。华夏院是一个有追求的设计机构，像张院士所言："我们对标的是国内顶级建筑设计院，希望能够为建构中华文化自信不懈努力。"我们青年后辈一定坚持华夏院一直提倡的"多元创作、理解历史、感悟文化"的精神。

### 冯雪霏（华夏院青年建筑师）

我是一名"80后"建筑师，在华夏院已经工作13年了。作为华夏院的晚辈，我对"华夏精神"的理解是一步步加深的。对"华夏精神"的定义可以追溯到我的学生时代，上学时一听起西北院华夏所，真是如雷贯耳，出自华夏所的设计作品，在西北乃至全国都是非常知名的。学生时代的我一方面对大师非常崇拜，同时对她身后这支神秘的设计团队感到好奇，是什么样的团队能完成如此宏伟大气的建筑，"华夏设计"在我心中就代表着品质、细节和高完成度。参加工作后，我非常有幸成为这支设计团队中的一员，在这里不仅可以与张院士近距离接触，还有很多优秀前辈毫无保留地给予我指导。在他们的带领下，我逐渐领悟到中国传统建筑文化的真谛。此时的"华夏精神"，是对中国传统建筑文化传承与创新的坚守。30年来，在张锦秋院士"以人为本，天人合一"的和谐建筑观统领下，每位华夏设计人在文化高度和技术深度方面持续探索，结合百余项建筑作品创作实践，以近乎苛刻的严谨态度，对设计细节不断打磨，使得优秀的精品设计层出不穷。

工作13年来，我作为主创建筑师、专业负责人或项目负责人先后承担了文化教育、行政办公、公共服务、商业旅游和低能耗农房等30余项设计任务。在这些项目中，有秉承着张院士"理解环境、保护环境、创造环境"设计理念的唐华宾馆改扩建项目；有表现建筑庭院深深、隔而不断空间美的渼陂书院；

有通过钢结构和玻璃幕墙展现建筑轻盈灵动结构美的湖心岛项目；还有表现建筑群体中轴对称、主从有序秩序美的闽南佛学院下院。正是这些项目的历练，使我对待建筑设计自然而然地形成了一种文化自觉的态度。

如果把华夏院完成的设计任务比喻成一场场没有硝烟的战斗，那么华夏设计人则是一支训练有素、纪律严明的部队，建筑、规划、结构、景观、机电各专业统一行动，协同作战，所向披靡。同时，华夏院又是一个非常温暖的大家庭，公正严明的高（朝君）院、才华横溢的吕（成）总、幽默睿智的贾（俊明）总、认真负责的杜（韵）工、严谨踏实的小茹姐、雷厉风行的徐（嵘）总、人好话不多的（王）涛哥、温柔细心的王（瑜）总，还有我心中的启明星——张（锦秋）总……一张张亲切的面孔让我感受到"华夏精神"最柔软的另一面。

如今，我已是华夏院的"老员工"，"华夏精神"更像是一种信仰和责任深入我心。作为一名中青年建筑师，我应义不容辞地担负起华夏院承上启下的角色，勇于担当，做好表率，将华夏院勤恳、踏实、开拓、创新的优良传统发扬下去，用实际行动传承"华夏精神"。最后，我想打一个比喻，我们每个人都是一只远航的小船，漂泊在广袤的大海上，"华夏精神"就是夜空中那不灭的灯塔，为小船指引着前进的方向。无论狂风暴雨，小船们满载着希冀，相互扶持，共同驶向心中的彼岸。

**曹惠源**（华夏院青年建筑师）

2011 年我进入华夏院，今年是工作的第 12 年。这些年受到华夏院大环境的浸润，我收获特别多。前段时间我读了一些关于学习方法的书，书中提到人的学习成长并不是刻意为之的，都是潜移默化地在环境中一点一滴的琐碎的小事中逐步改变的。王院长在讲话中提到第一个 10 年创立"设计思想"，这 30 年中虽然各种设计思潮在不停碰撞，但华夏院一直在坚持着自信和原则，这种原则就是对环境和人文发自内心的关怀。伴随着国家的不停发展，从科技到各个领域，包括现在年轻人对这种国潮的热爱，民众的文化自信空前高涨，这是依靠很多人的努力，一点一点坚持达到这种状态的。

从设计的角度来讲，尤其是这几年我参与过很多投标项目，愈发感觉到和国内外的很多知名的设计院相比，华夏院有自身独特的优势。在项目初创阶段，华夏院人潜意识的第一反应就是项目所在地的山水环境、人们的生活习俗、原住民的当地文化，从而形成一种尊重当地人文的构思。

在做项目时，我们习惯于首先揣测甲方的喜好。久而久之，我们发现不同的甲方想法是不一样的，但是地域的历史和自然的特色是不变的，它是千百年积累下来的传统。每次都能抓住这个关键点的话，项目成功的概率会更高。给我留下深刻印象的是，前几年做一个博物馆设计，当地副市长对我们团队的评价是，华夏院的团队对很多东西是很坚持的，而且捕捉得很准确。他说之前的设计师都是甲方说什么就改什么，最后把自己到底想要怎样设计都搞糊涂了。正是华夏院这种对设计理念的坚守，使我受益匪浅。

**陈雷**（华夏院青年规划师）

我出生于 1989 年，是座谈会中最年轻的后辈。今天是癸卯年乙卯月己卯日，也是春分后第一天，木气升发，蒸蒸日上，春意盎然。今天也是我来到华夏院的第 1390 天。围绕"华夏魂"这个主题，我将以空间角度为切入点，用传统的思维去理解和思考这个主题，探索华夏魂形成的支点。

首先"魂"是什么？《说文解字》解释魂为"阳气也"！那么"魂"这个阳气的空间载体是什么呢？如果从阴阳交融、虚实结合的方向去思考，那么承载阳之气必为阴之物，《黄帝内经·素问》中说："心藏神，肺藏魄，肝藏魂，脾藏意，肾藏志。"可见魂住于肝中，肝就是承载魂的空间。"心主血，故藏神；

肝藏血，故藏魂"，可见魂能否住藏好不仅仅和肝有关系，更和"心"有深层次的关系。因此，如果要给"魂"一个舒适安稳的空间，必须从调"心"开始，要从"心"去理解更深一层的关系。

那么，华夏院30年的初心是什么？

根据这些年我在华夏院的实践体会，以及对张院士学术成果的研究，我粗浅地理解"初心"就是在张院士的引导下，华夏院30年一直在坚守中国传统文化的初心。坚守"传统"绝不意味着守旧。著名的美国建筑评论家阿尔萨耶在2021年的新书《建成环境中的传统》中说道："传统更常依赖于对某些理念的持续'再现'及重新诠释，换言之，传统不应被作为一种抵御改变的工具，因为实际上它能够接纳改变，进而在时空的演变中维持自我。"由此，我们对传统的理解与国际的主流的看法相一致。华夏院30年是怎么坚守传统的呢？我的理解是：这30年我们在思想认识层面以及实践方法层面形成了一套坚守传统的体系以及经得起时代检验的路径框架，其中思想认识与实践方法经纬纵横、虚实结合、知行合一。

在此，我将自己所感、所思、所想和大家进行分享，在思想认识层面体现为"一脉相承"，在实践方法层面总结为"三脉一体"。一脉相承指的是华夏院30年在张总的引导下，其建筑创作思想的源头可追溯到梁思成先生对"传统与革新"的论述。梁先生从建筑史学家的角度阐述了什么是传统及如何发展，继而说明了在建筑发展中继承传统的必要性和必然性。梁先生还着重论述了传统与革新的关系是新与旧矛盾的统一，并反复强调这对矛盾主要一面是革新，革新的目的是古为今用，革新的批判和取舍的标准是人民性。之后，张院士延续梁先生思想，在实践创作中依托传统和谐思想提出了"和而不同、唱和相应"的"和谐建筑"理念，进而对梁先生的思想进行时代性和创造性的传承发展。

张院士认为"古代文明和现代文明交相辉映，老城与新城各展风采，人文资源与生态资源相互依托"，应该走和谐共生的发展之路。判断一个城市的建筑是否先进和美观，要看它们创造的物质环境和文化精神是否有利于增强民族文化认同感和归属感，是否有利于巩固和发展自身的社会凝聚力。而和谐建筑是实现这些的前提条件。"当代城市建设体现了科学主义思潮和人文主义思潮的融合。当代城市建筑艺术的最大特点就是综合美，这种美具有多元性和多层次性，因而其中最应关注的特性就是和谐。如何保证城市的和谐特征？这就有赖于和谐建筑。和谐建筑应该与城市和谐、与自然环境和谐，并进而促进人与人、人与城市、人与自然的和谐。"

此后，张院士在《和谐建筑之探索》一文中谈及"和谐建筑"理念的缘起、层次和内涵，并在《求是》杂志中发表了《建筑与和谐》一文。文章强调了"和谐建筑"首先体现在城市总体规划中的新老分区上，其次体现在分区详细规划的要素和谐上，再次体现对建筑的精心设计上，做到因地制宜、传承创新。把建筑分类型对待，并对现代建筑、有特定历史环境保护要求和有特殊文化要求的新建筑、复建古迹与重建历史名胜这三类建筑提出了相应的创作原则和要求。从梁先生的传统与革新，再到张院士的和谐建筑理念，他们是一脉相承的，这些思想也积极影响了华夏院30年的创作实践。

接下来是我对实践方法的浅要认识。张院士在《三唐工程创作札记》中，对西安唐文化区提出了理解环境、保护环境、创造环境的创作思路和方法。这种思路和方法，我认为不是简单的建筑项目逻辑，而是一种"营城逻辑"，其背后更是一种公共政策的逻辑，这种思路和方法也极大地影响了我的日常城市设计实践创作和思想。我们的实践对象具有连续性、动态性和整体性，因而需要理解的不是独立的个体、静止的个体、片面的个体。建筑设计和城市设计必须站在城市、文化、自然的高度去切入，因此我们其实是在处理一系列的脉络和系统的问题。华夏院在进行建筑创作和城市设计创作中，形成了"寻脉、理脉、传脉"次第关系明晰的创作路径。这种脉主要是指文化之脉、自然之脉和城市之脉，"三脉一体"有机穿插，而建筑作为空间媒介，使得"大写人"的这种国家意志和公共利益和"小写人"的工作和生活环境相互契合，最终让人和文化之脉、自然之脉、城市之脉实现共振。

在此基础上，通过对华夏院 30 年作品以及张院士文献的研究，我大概总结了在操作层面华夏院创作实践的分析方法，包括"城市空间环境分析法""形势法则尺度分析法""传统空间原型分析法""空间意识美学分析法""寓古于新、寓新于古、古今结合分析法""以人为本使用评价分析法"等 5 种具体的设计手法。华夏院的 30 年是固本、融通、创新的 30 年，更是始终坚守传统文化初心的 30 年。

**刘锋**（华夏院青年工程师）

2013 年我加入华夏院，今年刚好是第 10 年。我主要从拜读张院士的《从传统走向未来》这本著作谈谈自己的感想。该书从学习、创作及思想三个方面阐述了张院士的建筑创作与思想。从这些工程案例上看，张院士从规划、与周围环境的协调、建筑结构及内装等方方面面对项目进行整体把控，逻辑性、系统性非常强。我认为，张院士不仅仅是一位科学家，也是一位艺术家，比如她设计的西安世园会长安塔，外形和细节都非常美，环境因为建筑而更美，感觉这真的是一件艺术品，而不仅仅是一座建筑。

第二个感受，张院士从青年时代开始，就对建筑设计非常热爱，包括她在做研究生论文的时候，在颐和园里测绘学习是非常辛苦的。张院士曾经说过：在一个伟大的时代背景下，我坚定地要做一个对社会有用的人，要为国家、为民族踏踏实实地做一点事情，这是一种基本的人生价值观。就是这句话，令我感触颇深，张院士的家境其实是很好的，但她毅然来到了西北，坚持做建筑创作工作，内心充满激情，从容不迫，这对我的触动好像一个源源不断的动力。张院士是我们学习的对象、崇拜的偶像。

第三点思考，张院士超强的包容性，对新鲜事物的接收能力真的是超出想象。从她的经典作品不难看出，有钢筋混凝土结构，有钢结构，有木结构，甚至还有砖石结构，将合适的结构体系用到适合的建筑中，张院士对新事物的接受及运用如此游刃有余，年轻人都自叹不如。

张院士在清华大学校庆之际，结合自身实践阐述了清华大学校训"自强不息，厚德载物"的内涵。自强不息，就是说一个强者，应该有坚定的信念，要不断地探索，有这样的自信，也能付诸行动，不断地攀上高峰。厚德载物，就是说我们应该像大地一样温厚、包容。厚德载物很深刻的意义还在于扎根于人，扎根于所在的地域，一定要得到老百姓的支持，这样才有丰富的创作源泉。所以，厚德载物也就是我们要服务社会、服务人民，我们有很好的团队精神来实现自强不息的目标。

新旧合冶，殊途同归。立德立言，无问西东。大同爰跻，祖国以光。先生之风，山高水长。

**李明涛**（华夏院青年景观设计师）

我是华夏院的一名园林景观设计师，2013 年正式来到华夏院工作。华夏院对我的影响从我上大学时就开始了，记得 2005 年我还在西安美院读大二，张院士在我们学校做讲座，使我有机会近距离感受大师风采，让我充分感受到了建筑师的魅力，使我对华夏院所从事的工作充满了崇高的敬意。之后，在求学的过程中，我更加关注华夏院和华夏院的工程项目，像三唐工程、大唐芙蓉园、黄帝陵祭祀大殿等，它们伴随着我的成长，也深深地影响着我。毕业后，我很幸运地来到西北院工作。在华夏院，我聆听张院士教诲，参与了多项重大工程，如西安国家版本馆、龙门景区前区、孟子研究院等。

在华夏院成立 30 周年之际，我从一个晚辈后学的角度略谈个人感受。什么是华夏精神？通过我这 10 年在华夏院工作的亲身感受总结，值得称赞的精神很多，但于我而言，印象最深的就是脚踏实地和传帮扶带的精神。

首先是脚踏实地。张院士教导我们做工程要扎扎实实，一步一个脚印，万丈高楼平地起，必须有足够坚实的基础才行。她总强调花拳绣腿、纸上谈兵不行，要多下工地，到现场去解决问题，不要怕吃苦，因为扎实的专业素养是设计人的看家本领。华夏人都爱学习，在张院士的影响下，闲暇之余大家都通过各种渠道充电，国家出台了什么新规范，学界有哪些好的学术讲座，张院士都第一时间通知并号召大家积极参与和学习。同时，脚踏实地不仅体现在具体的设计工作上，也体现在领导的业务经营上。高院长也经常讲，华夏院所承接的项目要综合考虑项目的质量，尽量寻求和华夏院文化价值观相一致的项目，所承接的项目也都是要能切实落地的。

其次是传帮扶带。华夏院一直以来都有传帮扶带的优良传统，这源于它的深厚底蕴。团队中呈现了老中青鲜明的人才结构层次。张院士对我们的教导总是潜移默化、润物细无声的。在一年年、一个个工程中，我感受到张院士高瞻而敏锐的设计思路，领悟她高屋建瓴的设计思想，这些值得我用一生去领悟学习和实践追求。记得在一次工程调研中，我看到泰山"汉柏第一"石碑旁的古树光影婆娑，姿态很美，便拍了照片发给张院士，她高兴地回答我说："汉柏真美，做工程就要像这样多看、多学、多悟、多用。"我一直深记这句话，力求在每个工程里去践行，多看、多学相对来说容易一些，多悟、多用就需要质的飞跃，不光要靠勤奋，还得靠智慧。多运用智慧也是张院士教导我们的宝贵经验之一。她说有些工程问题是需要靠智慧去解决的，不仅仅是图纸上的工作。

正是有这样一代又一代华夏人脚踏实地、不懈努力地坚持，才有今天华夏院的累累硕果。什么是华夏魂？魂是一种信念，是人们心中始终坚持的东西。华夏人用一个个经典项目告诉大众，华夏魂是华夏人守正创新、与时俱进的职业理想和追求，"从传统走向未来，走一条固本之路，走一条融通之路"，"为人民拓展幸福空间"，这是张院士为大家指引的光明正道。

作为一名园林景观设计师，我深入项目设计的始终，从项目概念到雏形，再到落地完成投入使用，我对项目有了更深刻的理解。纵观华夏院的诸多项目，总让我感受到一种深厚的家国情怀和来自悠久历史的亲切感，同时它们又鲜活地存在于当下。

**陆龙**（华夏院青年建筑师）

2011 年，华夏院迁入新办公楼，团队规模得以扩展，在这个充满活力、万象更新的时刻，我有幸加入华夏院，开启了职业生涯的新篇章。

记忆中，第一次见到张院士是在大学期间，她莅临校园举办讲座。报告厅内人头攒动，我只能在后排远远地瞻仰她的风采。未曾想到，有朝一日，我能近距离与她交流，甚至共同探讨设计方案。这种真实与兴奋的感觉，难以言表。

张院士曾说过，华夏院就像一所学校。在这所学校里，我得以不断学习和成长。如今已是我加入华夏院的第 13 个年头。在此过程中，我深感华夏院的传承精神。前辈建筑师们通过"手把手"的传帮带，将传统文化、地域特色、现代材料、绿色技术融入设计之中，并鼓励我们形成自己的设计语言。

外界对张院士和华夏院存在一种误解，认为我们只擅长唐风建筑甚至仿古建筑。然而事实是，我们在各地都重视挖掘当地文化内核和地域特色，倡导业主摒弃定式思维，接受更加符合当地风貌的建筑形式。张院士也经常劝说业主接受更为"新潮"的方案。因此，我们一直在推动传统建筑现代化的进程。

在这样良好的创作氛围中，我们完成了很多具有影响力的文化建筑，如开封博物馆、青州博物馆、南阳三馆一院、鲁甸抗震纪念馆、丰图义仓粮食文化展览馆、麟游博物馆等。张院士在这些作品中给予我们很多指导与帮助。这些新兴文化建筑的落成，进一步提升了华夏院的影响力，并广泛传播了张院士的设计思想与理念。

今年正值华夏院成立 30 周年，我衷心祝愿华夏院未来更加繁荣昌盛，同时也祝愿张院士身体健康。我们必将继承和发扬华夏的建筑精神，为我国建筑事业贡献力量。

**彭浩**（华夏院青年建筑师）

我是 2006 年到华夏院工作的，至今已经 17 年了。今天大家讨论的主题之一是"华夏精神"，我想华夏院命名的时候，其实就已经奠定了自身的特质，有一句话形容得比较好："天行健，君子以自强不息；地势坤，君子以厚德载物。"这句话表明了中华民族的特质，生生不息，源远流长，底蕴深厚，容纳百川。

华夏院这样的命名，包含了对中国建筑文化的寄托，代表着一种文化自信和传承责任。我刚来西北院时并未在华夏院工作，但当时西北院流传的共识是：华夏出品必是精品。在加入华夏院后，我深刻体会到

"华夏精品"始于张院士从华夏院创立初始即对项目高质量的要求，以及整个华夏院团队的精品工程意识，这源自华夏人发自内心的对自身设计价值的认可和体现。在参与项目过程中，我还感受到华夏院项目都能经得起时间的考验，保持着设计理念的前瞻性。我体会最深的项目是张院士主持设计的天人长安塔。它建成距今已 10 年左右的时间，项目所在区域发生了翻天覆地的变化，但是张院士设计的天人长安塔仍是这片城市区域的焦点。

谈到华夏院的精神，我有三点思考。

第一要有创新精神，包括新理念、新技术、新材料、新风格。创新的意识已经是我们建筑设计行业的一种发展需求。从早期的陕博，到现在的版本馆、长城馆，华夏院都是在不断追求设计上的创新。张院士正是通过不断的创新，在更高维度上展现了设计的本质，这不仅在技术层面，还从形式美学和功能体验等方面都做出了前瞻性的探索。华夏院的创新还在

于"拒绝复制"，每一个项目都要突破之前的成果，不断创新。持续不断的创新也是华夏院持续发展的生命之源。

第二，要有传承精神。华夏院的所有项目，无论规模大小，从几十万平方米的公共建筑，到一座雕塑、纪念碑，都会竭尽所能寻找传统文化的支撑。坚守传统文化是华夏人在建筑创作中坚持的原则。传承发扬传统文化在建筑设计中的神韵也是华夏所项目的特征。做到在设计中与历史进行对话，再运用建筑语言诠释礼仪天下的大国胸怀，将深厚的中华文化和传统元素融入当代建筑设计之中，以现代人的审美眼光弘扬中国文化，尝试不同的建筑语言，彰显东方神韵，表达文化自信，这是华夏院传承的一种创作精神。

第三，坚守工匠精神。这也是中建西北院所要求的，在华夏院的作品中尤其得到体现。我认为"匠心营造"更贴切，"匠心"更是一种品质，表现了对项目创作臻于至善、精益求精的追求。这要求我们华夏人不仅要爱岗敬业，更要在设计过程中呈现出精益求精、匠心独运的风采。华夏人秉承着这样一种工匠精神——坚守历史文脉，传承千年精魂，体现大国工匠情怀。

### 范小烨（华夏院青年建筑师）

2012 年，我从东南大学建筑系毕业之后就加入了华夏院，现在已经 11 年了。首先，我作为一个西安人，从小耳濡目染张院士的作品，对于陕历博、省图书馆、省美术馆、三唐工程等项目，在我年少的时候就已经如数家珍。这些项目形成了我对现代建筑最初始的记忆。这些作品能够成为几代西安市民共同的记忆，能够成为这座城市最重要的组成部分，是一件非常美好的事情。11 年的时光如白驹过隙，在张院士的带领下，我先后参与了孟子研究院、大运河博物馆、西安版本馆等项目的设计和施工图绘制工作，这让我从一个职场新人慢慢成长起来。华夏人的精神让我获益匪浅，是我一直以来学习的动力和目标。在这里，我作为一个晚辈谈一些自己的回顾与感受。

其一，华夏院始终怀抱家国情怀。华夏院自创建至今终始坚持走传统建筑的现代化之路，在自然、城市、历史、地域、人文等各方面践行和谐建筑理念。作品既有中国传统文化的精神内核，体现传统建筑的"形、神、韵"，同时也兼顾现代建筑的功能与空间，追求的是现代材料的营造技艺，探寻的是传统建筑与现代工艺相结合的融合之路，是传统建筑文化的创造性转化和创新性发展之路，寻找的是文化自信之路。其二，华夏院秉持创新精神。每当面对项目挑战的时候，张院士非常鼓励年轻后辈们从更高的层级角度去看待城市文化，看待作品，也非常鼓励团队成员勇于创新。其实张院士比我们年轻人的想法更超前，勇于打破既有的思维禁锢，突破既往作品设计的舒适区。华夏院上下同人也一直践行着张院士的原则，对设计工作给予饱满的热爱，秉承"绝不躺平、绝不由天"的拼搏精神，不断推陈出新。其三，华夏院团队极具敬业与奉献精神，对城市和历史负责，对项目全周期负责，对使用者负责。

张院士作为我们学习的楷模，她的精神让我敬佩。比如三伏天，张院士顶着烈日和大家一起在现场踏勘，不辞辛苦地调研好几天；生病期间，在病房仍关心项目进度，组织团队讨论方案，紧锣密鼓地给大家制订工作计划；图纸完成时，张院士严格审核图纸质量，非常关心项目施工的现场情况，亲自去工地现场检查实施状况，每一个环节都不曾松懈。前辈的努力让青年建筑师们铭记于心。

华夏院是一个团队意识极强的集体，在这里工作有很强的归属感和集体荣誉感。我记得在项目攻坚的困难时期，张院士像明灯一样鼓励大家，她说：爬山快到山顶之前是最难受的时候，甚至会烦躁，但我们一定要登上山顶，当看到眼前风光无限时，才能真正感受到登山的意义。回顾过往，大家在工作中遇到过很多困难，也经历了很多磨炼，有时会感到疲惫，但是华夏团队守望相助，同心同德地攻破难关，不仅收获了项目成果，更增进了同事的团队情谊。

如今，华夏院的作品，既是古城西安最具地域特征的场所，也在全国各地深耕细作、开花结果，为这些城市增添了很多活力。在这个过程中，我们不仅弘扬了中国传统建筑的主流价值观，也影响着广大市民的文化观念与生活。华夏院在我心目中像一艘一往无前的轮船，它风风雨雨行驶了 30 年。本人有幸参与了这三分之一的航程，希望下一个 30 年我们能够继续跟随华夏院，一直驶向更远大的目标。

### 张小茹（华夏院总规划师）

听了大家的感受，心潮澎湃。张院士是华夏院的创立者，也是华夏精神的塑造者。她以在西北院将近 60 年的工作经历，通过言传身教、立德树人，培养了一代又一代的华夏人。我结合自身在张院士及各位老师引领下的成长过程，谈三点感受。

第一个感受是，来到华夏院时，我深感每一位华夏人都有递进的目标，都在坚守并矢志不渝。我想这实际上就是文化的传承，也是我们每位设计者的立足之本。张院士通过自己的理论和工作实践，为华夏院的发展打下了基石，并为华夏院每位设计师心中点燃了一盏心灯。我们年轻人初入职业领域的时候，对建筑创作的思考还很浅显，如果有一个既定的榜样在，对职业发展大有裨益。这实际上是一个迈向成功的捷径，因为在执业最初就接触到了设计的本源。华夏院坚持的精品原则，之所以称为精品，因为它在行业内具有表率性。众多精品传达了华夏院对设计风格的追求，也是华夏院对建筑设计行业的发展方向的自我坚持。其中影响力最大的，无疑还是张院士领衔完成的作品，正是在张院士的带领下，我们感受到了一代又一代华夏人对传统文化的坚守，并在设计中尽量去进行最大化的利用，把我们的文化底蕴通过一个个作品呈现出来。

第二个感受是，整个建筑创作的过程实际上就是从理论到创作的实践过程。在这个过程中，我们要坚守的就是力求创新，同时不断突破。我们的建筑创作不能重复创作，而是要在创新的同时，营造一些新的

切入点。我们自身的建筑创作要有一个新的起点以及新的总结，并在行业中产生影响力。

第三个感受是张院士建筑设计理念的呈现。她从 20 世纪 80 年代开始投身创作，从青龙寺的空海纪念堂，到大雁塔景区的三唐工程，以及闻名遐迩的陕历博，乃至千禧年之后建设的大唐芙蓉园、曲江池遗址公园、临潼华清池景区，2015 年之后的西安渼陂湖文化生态旅游区生态修复，再到我们 2021 年呈现的兴庆宫公园，它们都有一个共性的特征，就是唐文化的底蕴，同时每个项目呈现的特色又是各自不同的。通过诸多项目，华夏院也在一步一步地突破自我，每一个项目都呈现出不同的空间感受，也表现出不同的风格。

回归本源就是探寻创作的源泉究竟是什么，我想这是华夏院一直坚持的强大的文化自信。有两个典型的项目案例。其一是我有幸参与的西安博物院项目。那时我是一个从学校毕业踏入职业建筑创作领域的新人，有一次画一个很小的栏杆细节，当时张院士在指导我时说："建筑师一定要有自己的坚守。"虽然外界普遍认为华夏院以"复古"见长，但实际上我们是在吸取传统文化的精神。其二是西安渼陂湖文化生态旅游区项目。做这个项目时张院士躺在病床上，给我们讲述渼陂湖的背景和未来发展，她反复强调"理念坚守"。我们当时都是很年轻的建筑师，接触专业面也很窄，是张院士的坚守精神为我们指引了方向，也是我创作中坚守的源泉。

刚才讲到文化自信，每个项目都不是一蹴而就或者灵感突现而创造出来的，一定根植于项目的本源，根据文化地域性质进行的深耕创作。2011 年，我跟随张院士去龙门景区项目。在研究用地阶段，张院士对我的第一个要求是抛开项目书的需求，要先去考察一下整个景区布置，去了解中国历来名山大川的格局。

这些标志性建筑的建成，对这个城市来说，是一种文化的昭示，它起到承前启后的文化再现作用。张院士乃至华夏院的作品之所以能产生很好的社会反响，实际上是文化再现得到了大家的共鸣与认可。建筑文化和城市文化是密不可分的。建筑师是工程师，

实际上也是艺术家。

**车顺利**（华夏院总工程师）

华夏院已经走过了 30 年的风雨，往日的成绩是数代华夏人拼搏奉献的结果，我们必须倍加珍惜。30 年来，华夏院在建筑设计领域得到了长足发展，在发展中愈加成熟完善，不断焕发出新的生机和活力。5000 年的文化历史长河中，那些沉淀下来的建筑文化碎片，总得有人去整理和传承。以张锦秋院士为代表的西北院华夏人，在中华建筑文化复兴的道路上奋力前行，代表着中国建筑设计的主流价值取向和创作标准，引领新时代中国建筑文化的传承与创新。从传承古都气韵的西安大唐芙蓉园，到应"运"而生的中国大运河博物馆；从遗址保护创新的丹凤门博物馆，到举世瞩目的世园会天人长安塔……城市的坐标不断更新，华夏院的精神代代相传。在张院士的身边，在华夏院各位前辈的周围，不断涌现出能工巧匠，他们勇于创新、乐于奉献。在华夏院，每一个人都能深深体会到以下几点。

第一，每一位前辈和同人秉承"活到老学到老"的精神，他们乐观好学；第二，他们始终都有创新意识，始终走在创新的路上；第三，每一位前辈和同人都能保持乐观心态，秉承身体是革命的本钱，注重劳逸结合。华夏院成立以来始终保留着"传帮带"的优良作风，始终坚持就事论事、百家争鸣的开放态度，始终坚持以人为本、人尽其才的用人原则。华夏院的同人身上都有一种"螺丝钉"的精神，他们始终能够坚持协同作战，具有我为人人的办事风格。上述点点滴滴，形成了华夏院的精神、华夏院的魂。

30 年弹指一挥间，中建西北院华夏人深度融入城市建设，传承工匠精神，攻坚克难，持续为建设一流强院、拓展幸福空间发光发热。今后的华夏院，将继续加强业务建设，坚持聚焦传统建筑文化传承，深化设计领域，打造出更多业务增长点。在坚持传统建筑和现代建筑协同发展的同时，持续做好"产学研"，为开拓设计业务寻求新思路，为华夏院发展增添新动力。华夏院是一个优良的平台，助力每一位华夏人施展抱负。一个人作战可能会走得快一些，但是却走不远。在华夏院这个平台上，大家齐心协力、聚沙成山，个人的发展就会如虎添翼，走得更远。

**许佳轶**（华夏院院长助理，青年建筑师）

从感性的角度，我心里最想说的一个词是"感恩"。在华夏院工作学习过程中我受益匪浅。我在华南理工大学毕业之后来到华夏院，有很多场景记忆犹新。第一个场景就是刚入职时晚上加班，赵元超大师加班到夜里 10 点多，带领团队创作行政中心，我就想，身为领导怎么还要加班到这么晚，后来知道赵总工作特别繁忙，晚上的时间全部用来创作。此后在我参与的很多项目中，前辈们都是这样的工作状态。秦峰总带着我们一起做了很多项目，他给我们讲过一堂课，我印象里最深刻的就是"理性推进，诗意升华"，这是一种建筑创作的思路，对我们年轻建筑师未来职业道路的发展有很大的帮助和指导作用。王军院长在华夏院任职时，我们做韩城体育中心项目时甲方非常难对付，但是王院长的胸怀和格局让甲方十分敬佩，最终项目顺利落地。此后，在跟随高院长的过程中，高院长给予我很多锻炼的机会和悉心的指导。张总给我最深刻印象的就是凤鸣九天剧院的设计。她做完手术，让我去医院，她就躺在那儿硬撑着和我谈了一个半小时。此后，吕总和我们做杨家城麟州故城遗址项目。吕总给人的感觉是大大咧咧，但在工作中他对每个项目的要求都是十分严格的。

实际上，这一系列"画面"构成了我在华夏院工作的一页页篇章。虽然在工作中我也经历过反复修改方案的痛苦，但痛完之后终于释然的感觉促进了我的成长。首先，华夏院传承着家国情怀的胸襟，对此大家的认知水平是非常高的。以张院士为统领的华夏院人，在做项目时的切入点和眼光往往是不同的。其次，华夏院的项目中充满了历史文化的浪漫。

项目创作的时间并不算长，但在创作过程中我们看到了张院士的深厚积累，以及她对历史文化的格外关注，这些点滴积累，最终在项目中厚积薄发。在每一个具体的项目中，张院士融入的是城市与自然的融合观点。作为建筑师，我们以往都是只关注建筑，但张院士却将作品放到了城市以及自然环境中。最后就是创新求是的作风。我们经常说"传承""创新"是两个词，但是在华夏院它们往往是共生的，或称"创新中的传承和传承中的创新"，它们是辩证统一关系，只有二者结合才能使作品焕发活力。

如今华夏院已走过 30 年，对于华夏院未来发展，我也有一些思考，如在人才结构梯队建设上也考虑做出一些调整，积极引进新鲜血液。未来我们发展的优势在于利用大家今天的积累和思想，施行建筑师负责制全过程咨询，充分发挥华夏院的人才优势。数字化的转型是必须提上日程的，我们的建筑设计不能仅仅停留在感性的艺术层面，也要量化实现指标的考核，比如现在大力推行的减碳，碳的核量是结合在我们每一个建筑中进行数字化的提取，从而实现精确控制。未来的建筑必将更智能，融入更多科技，建筑师也应提升自身对新科技、新材料的运用能力。

于我而言，华夏院的精神就在于自强不息和厚德载物：自强不息，在每一个作品中都有大家付出的辛劳和创新；厚德载物，各具个性的建筑师在一起高效地协同配合，这是品德的修为。我认为这两点是保证华夏院长久发展的基点和精神。

**吕成**（中建西北院副总建筑师、华夏院总建筑师）

我是"70后"，大学毕业后就进入中建西北院工作，已在华夏院工作近 20 年。加入华夏院大家庭学习和工作，我倍感荣幸，在这里，张院士和前辈们一直指引我前进的道路。

相对于国内很多大院的以指标完成度为核心的"产值中心论"经营方式，华夏院对建筑设计质量近乎苛刻的高品质要求是一股清流，这源于张院士对建

筑精品的追求。在华夏院创立之初，张院士就提出了几条"军规"，要求我们不能为了经济利益牺牲设计质量，而后随着华夏院发展壮大，精品越做越多，最终形成了品牌，经济效益自然也很好。因此，精品意识是华夏院持续发展的核心价值观。刚才大家在讨论华夏院的创作之路，我想我们坚持的很重要的一个原则就是传承中华优秀传统文化里面的建筑智慧。从中国优秀的传统智慧源泉里迸发出来的灵感是取之不尽、用之不竭的。

大家刚才谈到"和谐"，我感到华夏院的创作思想里没有预设模式，建筑创作的前提应该是建筑与自然、城市的和谐关系，而不是某种成熟的建筑风格。比如我们在张院士的引领下创作凤凰池规划设计时，充分考虑了项目所在区域的环境，在仔细分析过山川关系、历史环境关系之后，对建筑群进行了布局和组合，创作出了一组很出色的现代建筑。前两年创作山海关中国长城博物馆，甲方领导说华夏院做传统风格做得那么好，希望出一个传统风格方案，但在同张院士交流时，她否决了这个想法，支持我们创作一座融入环境的现代风格建筑。新的建筑呈现在原有的自然及城市环境中，要能够融入环境并提升品质，这样才能在环境、城市、社会中呈现最完美的作品。

30 年是一个承前启后的时间段，王军董事长在发言中也提出了发展的三个阶段，到第 30 年应该是第三个阶段了。从这个阶段开始，从大的外部环境到建筑设计市场的竞争环境都发生了变化，我们将面对更大的挑战。我们一方面要总结过去的经验，弄清楚坚持什么；另一方面更要思考究竟如何突破。我们要梳理好自己的"道"，而后去学习好应该掌握的"术"，道和术都做好，我们才能打开眼界、敞开胸怀去面对市场，让外界看到我们的思想和创作。这会是华夏院未来发展下去的一个持续的动力。

**贾俊明**（中建西北院副总工程师、华夏院总工程师）

我也算是华夏院的元老了，华夏院是 1993 年 9

月份成立的，我是 1994 年 3 月从原来的所"叛逃"来的，这件事还被当时的所长告到我们院长那儿去了。加入华夏院的原因实际很简单，就是我原来所在部门工作量特别不饱满，我想多做一些创作，所以在张院士创立华夏院没多久，就来入职了。这一眨眼，我在华夏院工作了将近 30 年，当时华夏院的名字我听到过，原来也有人建议张院士叫"锦秋设计事务所"，但张院士坚持叫"华夏所"，这也体现了张院士的党性和胸怀。

"华夏"这个名字确实大气，这 30 多年来，华夏院经历了 6 任院长，院里的优秀建筑师数不胜数。华夏院给我的感受：第一是坚守，坚守文化自信；第二是传承，传承中国的传统文化基因；第三是创新，张院士说"从传统走向未来"，我们实际上是从"创新走向未来"。华夏院的经典作品一大部分是张院士主持设计的，之后就是我们历任的总建筑师的作品，像赵元超总当时做的西安行政中心、陕西省委办公楼等，还有秦峰总做的川陕革命纪念馆。以吕成总为代表的华夏院中青年建筑师也创作了一系列优秀项目，他们的作品都有很鲜明的个人特色。

作为一名结构工程师，我对传承有一些思考。1994 年，我加入华夏院时，整个华夏院才十几个人，结构专业只有 5 个人，我算里面最年轻的。我当时参与的第一个项目，就是玄奘法师纪念院。在印象中，当时的斗拱、御制船等结构形式，我都是跟着老前辈学着用手一笔笔画的。这是一座钢筋混凝土的唐风建筑。我知道之前院里设计的青龙寺是木结构的，所以说从结构材料的角度，传统建筑从木结构到钢筋混凝土结构，到天人长安塔、大运河博物馆的全钢结构，张院士实际上是很开放、很包容的，更鼓励创新。我记得做天人长安塔时，张院士在办公室拿着她的手稿，上面画的是平面、立面、剖面图，就问我们用什么结构形式比较合理，我们当时提了两个方案，一个是钢筋混凝土的传统框架方案，她问还有没有别的方案，于是我就又提出了全钢结构方案，张院士就很感兴趣地询问原因。我回答说，因为世园会当

时提出的理念是绿色环保、可持续发展。因为天人长安塔是古代的高阁形制，高度接近 100 米，张院士当时也查阅了资料，历史上长安是有一座木塔的，按史料描述就是有百米高，所以她也一直有重新造一座将近百米高的塔的愿望，使之成为西安城市的标志性建筑。当时，我们还讨论要与时俱进，响应国家节能号召，再加上传统文化建筑本身柱断面都比较小，钢结构到杆面比较纤细，同时对建筑方案来说，屋面包括外立面都是透明白玻璃，需要结构轻盈，不可笨重。再加上工期也很紧张，钢结构施工速度相对快，所以我们当时提出的这个结构方案得到张院士赞同。

我们做咸阳博物院时，因为建筑底部有 1.4 米高的传统高台，出于抗震考虑，我当时提出做隔震建筑，但也有顾虑，毕竟造价要有提升，但张院士很支持，鼓励我给甲方写个报告说明，后来也得到了甲方的同意得以实施。这个项目就成为国内第一个采用隔震技术的博物馆建筑。所以，我从结构专业的感受而言，张院士对新技术、新材料在建筑中的应用是大力支持的。在做大唐芙蓉园时，因为廊柱断面很小，我就有点发愁，张院士指导说不要死抠结构规范，要应用力学原理想办法把它搭起来，保证它的安全。张院士提出楼板的尺寸为 25 米 ×25 米，梁板的厚度不能超过 60 厘米。要保证建筑净高，结构就要采用新技术，所以我们就采用了预应力空心楼盖。当时这也是西安第一个用空心楼盖的项目，梁板断面控制在 55 厘米。正是张院士从建筑设计出发的高要求以及对建筑完美效果的追求，极大地促进了其他专业的技术精进与创新。

张院士自己也感慨，从 57 岁创立华夏所，团队在稳定中不断发展壮大。张院士确实对华夏院的发展壮大起到了关键性作用，但是张院士毕竟 87 岁高龄了，这意味着现在我们这些建筑师、工程师们责任重大，要思考如何接续华夏院的辉煌。现在市场环境越来越恶劣，项目竞争越来越激烈，这对年轻一代华夏人提出了更高的要求，需要大家尽快脱颖而出，百花齐放，要不断涌出新的领军人物。华夏院是个大学校，

为西北院、为国家培养出一大批管理和专业人才，如王军院长、赵元超大师等，还推出了一批又一批经典项目，我们的接力棒要一代一代往下传，让华夏院更加繁荣，更加昌盛。

**秦峰**（中建西北院总建筑师、建筑专业委员会常务副主任、原华夏院总建筑师）

今天的座谈会有两个关键词：第一个是"30周年"，第二个是"建筑创作"。

首先，华夏院走过了30周年，大家刚才说了很多都是总结过去的事，王军院长的发言从我的理解是给咱出难题，看着是回顾，实际上是对华夏院提出了更高的要求，意思是华夏院这30年业绩辉煌，人才辈出，但后边怎么能够延续进而发挥更大的作用呢？王院长也希望华夏院不拘泥于原来的格局，应该在西北院的层面发挥更大的作用。我是1999年5月18号到的华夏院，其实此前1990年，我就到西北院工作了，但后来辞职"下海"。在研究生毕业后，我就回到华夏院继续工作。2010年，西北院因为要成立创意中心，包括院里有一些技术管理工作需要我做，就把我调出来了。在华夏院工作的10多年时间，我也参与了不少项目，现在回想起来，那时的华夏院确实是成形的阶段，张院士也是在那个阶段创作了大批经典作品，华夏院其他同事做了很多辅助工作。对于我们而言，为张院士服务也是十分幸运的。

其实刚才大家提到了坚持精品项目，但机构的运营确实需要资金的支持，我也陪同多任所长去找甲方结款，实际上这关乎一个团队的生存问题。后来我作为创意中心的负责人，也确实能体会到，一个优秀团队不仅仅是大家看到的光鲜亮丽的表面，大部分辛酸苦辣都是整个团队在背后承担，在看到取得成就的同时，也不能忘了很多做辅助、做铺垫的基层工作人员。华夏院不仅有张院士的创作，更有大量其他项目作为支撑。一个团队的成长一定不是一帆风顺的。我重点说一下我对华夏院未来的思考。

刚才的发言中已经有人提出了"危机意识"，华夏院再图发展的根基是什么，依托是什么？我现在是西北院的总建筑师，但主要负责院里的技术管理，包括人才培养、科研计划制订等。我作为一个管理者或者旁观者，从华夏院调出来后，接触了新的环境，再回过头来看华夏院，感触又完全不一样。刚才很多年轻同志一直在讲，张大师的创作理论或者张大师的人格魅力、工作精神等，都是值得所有人学习的，这是没有错的。但我们也要深入地分析，传承创新、严谨认真、工匠精神……这些作为一名优秀建筑师的基本品质，有追求的建筑师都会这么做，并不仅仅是华夏院的专利，甚至其他设计机构的危机感比咱们更强，市场意识可能更强，玩命劲头更强，所以华夏院的核心竞争力要落在实处。

那么华夏院给我们的启发是：作为一名建筑师也好，作为一支团队也好，如果要在建筑创作这条道路上成功，并且能够持续地走下去，应该讲究时代精神。张院士为何能如此成功，就是她个人的才学品质跟这个时代完全契合了，不光是跟时代契合了，跟地域也契合了。世界建筑大师的成功之处也有相似点，他们跟时代的要求相呼应，并给出了独特的、完美的答案。吕总现在牵头做的张总的思想整理工作，就是张大师给予前面这个时代或者是目前还可以延续一段的时代的答案。时代提出要求后，谁掌握着解决问题的密码，谁就能够成功，能够持续下去。从这个角度来说，时代的主基调没有变。我们提出的文化自信是很必要的，但时代在发展的时候还会提出新的要求，我们不能拘泥于以前的那些经验照搬照抄。吕总其实很好地回答了这个问题，我们是因地制宜、因时制宜，然后提出智慧的解决方案。数字化、绿色建筑等都是时代对我们提出的新要求，建筑创作这条路可能将来会越走越艰辛，对大家提出来的要求越来越高。

大家除了仰慕前辈，学习一些扎实的理论外，更要从自身的体会出发。作为建筑师，我们要把握时代的脉搏，这一点特别重要，不能闭门造车，一定要跟时代契合起来，掌握时代精神，这样才有可能作为引领者，进而在某一个领域做得更出色。这是一道思考题，尤其是年轻人必须得思考出答案，因为毕竟未来是你们的。

**党春红**（中建西北院顾问副总规划师，原华夏院总规划师）

我是华夏院成立初期，1994 年初从海南分院回来后加入华夏院的，在这里工作了 17 年。华夏院培养了我，无论是在技术方面还是在经营管理方面，我都学到了知识，增强了本领，也收获了友谊。在 2010 年西北院打通产业链条组建成立规划景观所时我被调任第一任所长兼总规划师。经过 30 年的发展历程，华夏院在品牌建设、人才建设及规模建设方面取得了很大的成功。

"华夏院作品遍布华夏"，呈现出一派蒸蒸日上的景象，我想成果的取得应该是在张院士的带领下，华夏院始终坚持着精品意识和专家领衔的结果。我谈一下个人对精品意识的体会。第一，张院士尊重科学，也尊重专业，非常善于将规划、总图等各专业最好的、最先进的技术及理念纳入工程项目的设计之中。我们做项目经常遇到文物遗址。对文物专家提出的保护要求，她也十分尊重，使文物遗址既得到了有效保护，又得到了充分利用。她的作品往往是比较全面的上乘之作。第二，张院士紧跟时代，在文化传承、以人为本、绿色节能等方面引领行业发展。在 20 年前做群贤庄小区时，5 层楼就带电梯在国内是领先于规范要求的，但国家有"以人为本"的方向性要求，张总马上将这一理念贯彻落实到建筑设计项目之中。希望"精品意识和专家领衔"这种华夏院精神能够代代相传。

**高朝君**（中建西北院副总建筑师，华夏院院长、总建筑师）

今天咱们的座谈会其实说了两方面的内容：第一，做这个座谈会的初衷就是进行建筑创作座谈，讨论在华夏院成立 30 周年之际出版的作品集如何能实现更有特色的编撰；第二，对华夏精神进行梳理和总结。这也是张院士提出的建议，应该通过座谈会听听大家对华夏精神、华夏魂的理解。

我是 1989 年加入西北院的，1990 年就跟随张院士一起做陕历博的景观设计，因为我是学风景园林专业的。此后 1993 年华夏所成立，我也就加入进来了，所以在华夏院整整工作了 30 年。我在张院士身边工作的时间比较长，深感华夏精神的树立离不开张院士的思想熏陶，这种精神在发展的过程中浓缩，最终打造出华夏品牌。华夏院成立之初的本意是体现华夏精神最基础的源泉。张院士成立华夏院的初心就在于传承创新中国传统文化；再有就是将华夏院打造成学校，为社会输送人才，当然同时要产生一定的经济效益，要让团队很好地生存下去。刚创立时，华夏院只有 11 个人，这么一个小团队经过 30 年的发展，也确实向社会输送了不少人才。目前，加上曾经工作过的同志，华夏院至少有 160 余人。

我很赞同秦总刚刚提到的，个人的才气与时代、与地域高度契合，进而又给出了完美答案，抓住了机会，就能把自己的才气展现出来。但是我想当机会来临时，如果没有一定的内涵积淀，是无法给出完美答案的。背后艰辛的奋斗历程，才是成功的必由之路。

第一点是对事业的执着。无论是建筑师、工程师，没有对自己事业的热爱和持久的执着，是无法成就大事的。张院士对我们说：华夏院成立已经 30 年了，那时我 57 岁，看看你们现在的年龄，正是出成绩的时候。57 岁，对于一般人而言就是等待退休，而张院士却要奋起拼搏，这种对事业的执着精神是我们要好好学习的。

第二点是精益求精。张院士在工作计划、文稿图纸的校对、构造的细节等方面都是亲力亲为，不管是自己画，还是审图，甚至对文稿中的错别字都会严厉指出。不如此，就保证不了作品的质量，更何况要实现高完成度。这个方面也是我们最该加强的。

第三点是要保持谦逊之态。现在很多人都认为自己才气很大，水平很高，忽略了平台的巨大支撑，

别人提一点修改意见就不高兴。这里我举两个亲身经历的例子。其一，做黄帝陵项目的时候，张院士利用各种机会向吴良镛先生请教，向周干峙部长请教。当时开专家会，她主动请专家们挑毛病听建议。其二，做钟鼓楼广场项目时，正赶上清华大学的关肇邺先生要来西安建筑大学讲课，但关先生很忙，上午做完讲座，中午吃完饭的那一点儿时间，张院士到他房间铺开图纸，请关先生提出意见和建议。当然，张院士对项目有着强大的把控能力，对别人提出的意见和建议会综合认真思考，结合项目情况做出最终的判断和优化调整，体现出不同于常人的雄才大略。

第四点就是传承创新，这一点前面大家讲得比较多，不再赘述。

第五点是与时俱进。国内有很多建筑师说张院士的创作特点是作品的数量比较多，且风格多样，好像没有固定的套路，传统的、现代的、传统与现代相结合的作品都屡见不鲜。其实她所有的作品都是适应不同的时代需求、地域特色而创作的，但始终遵循传承与创新中国传统文化这条主线。与时俱进也体现在建筑的新技术、新材料的应用上。

最后一点，我想是打造团队荣誉感。张院士对团队建设非常重视，发挥每个人的特长，使团队高效运转，对优点鼓励表扬，对缺点和风细雨地指出。团队里每一位成员既感觉到学有提高，又充满干劲。

我在华夏院工作30年的过程，是一个浸润、接受各方面锻炼成长的过程。在工作当中遇到问题的时候，我会很自然地想到张院士会如何解决，思考我们能不能从中学到什么。

华夏院成立30周年的总结，不仅仅是总结过去，更是为了展望未来。在座的年轻人，再过5年、10年，重担还是要落在你们的肩上，我想这也是华夏院30周年纪念活动如此重要的原因吧！

（文/图《中国建筑文化遗产》
《建筑评论》编辑部）

附录 Appendix

# 华夏院项目获奖统计

Awards for Projects of Huaxia Architectural Design and Research Institute

| 序号 | 项目 | 所获荣誉 |
|---|---|---|
| 1 | 阿倍仲麻吕纪念碑 | 1981 年国家建工总局优秀工程奖<br>入选第四批中国 20 世纪建筑遗产名录 |
| 2 | 青龙寺空海纪念碑院 | 入选第四批中国 20 世纪建筑遗产名录 |
| 3 | 陕西省体育馆 | 1986 年陕西省优秀设计一等奖 |
| 4 | 大雁塔风景区"三唐"工程 | 1991 年陕西省第五次优秀工程设计一等奖<br>1991 年建设部优秀设计二等奖<br>1992 年国家优秀设计铜奖<br>1996 年载入《弗莱彻建筑史》(*Sir Banister Fletcher's A History of Architecture*)<br>2009 年新中国成立 60 周年中国建筑学会建筑创作大奖<br>入选第二批中国 20 世纪建筑遗产名录 |
| 5 | 陕西历史博物馆 | 1993 年建设部优秀设计二等奖<br>1993 年国家优秀设计铜奖<br>1993 年中国建筑学会首届建筑创作奖<br>1996 年被《96 国际获奖作品集》(*Award Winning Architecture International Yearbook 96*) 列为优秀作品<br>1996 年载入《弗莱彻建筑史》(*Sir Banister Fletcher's A History of Architecture*)<br>2009 年新中国成立 60 周年中国建筑学会建筑创作大奖<br>2009 年新中国成立 60 周年百项经典工程大奖<br>入选第一批中国 20 世纪建筑遗产名录 |
| 6 | 扶风法门寺工程 | 1991 年陕西省第五次优秀工程设计二等奖<br>2009 年新中国成立 60 周年中国建筑学会建筑创作大奖 |
| 7 | 敦煌大酒店 | 入选第四批中国 20 世纪建筑遗产名录 |
| 8 | 大慈恩寺玄奘三藏法师纪念院 | 2001 年陕西省第五次优秀工程设计一等奖<br>2002 年建设部优秀设计二等奖<br>2002 年全国第十届优秀工程设计铜质奖 |
| 9 | 西安国际会议中心·曲江宾馆 | 2003 年陕西省第十二次优秀工程设计一等奖<br>2003 年建设部优秀设计三等奖 |

| 序号 | 项目 | 所获荣誉 |
|---|---|---|
| 10 | 西安钟鼓楼广场及地下工程 | 1998 年建设部优秀城市规划设计二等奖<br>1993 年中国建筑学会首届建筑创作奖<br>1996 年被《96 国际获奖作品集》(Award Winning Architecture International Yearbook 96) 列为优秀作品<br>1996 年载入《弗莱彻建筑史》(Sir Banister Fletcher's A History of Architecture)<br>2009 年新中国成立 60 周年中国建筑学会建筑创作大奖<br>2009 年新中国成立 60 周年百项经典工程<br>入选第四批中国 20 世纪建筑遗产名录 |
| 11 | 陕西省图书馆、美术馆 | 2003 年陕西省第十二次优秀工程设计一等奖<br>陕西省图书馆获 2003 年建设部优秀勘察设计二等奖<br>2004 年全国优秀勘察设计铜奖 |
| 12 | 群贤庄小区 | 2002 年 4 月建设部住宅产业化促进中心"AAA"级认证<br>2003 年建设部优秀勘察设计一等奖<br>2004 年全国优秀勘察设计金奖<br>2004 年中国建筑学会建筑创作佳作奖<br>2007 年陕西省优秀设计一等奖<br>2008 年全国优秀工程勘察设计行业建筑工程一等奖<br>2009 年全国优秀工程勘察设计金奖<br>2009 年新中国成立 60 周年中国建筑学会建筑创作大奖 |
| 13 | 黄帝陵祭祀大殿（院） | 2004 年中国建筑学会建筑创作优秀奖<br>2007 年陕西省优秀设计一等奖<br>2008 年全国优秀工程勘察设计行业建筑工程一等奖<br>2009 年全国优秀工程勘察设计金奖<br>2009 年新中国成立 60 周年中国建筑学会建筑创作大奖 |
| 14 | 大唐芙蓉园 | 2005 年陕西省优秀城市规划设计一等奖<br>2005 年建设部优秀城市规划设计一等奖<br>2007 年陕西省第十四次优秀设计一等奖<br>2008 年全国优秀工程勘察设计行业建筑工程一等奖<br>2009 年全国优秀工程勘察设计银奖<br>2009 年新中国成立 60 周年中国建筑学会建筑创作大奖<br>2009 年第二届中国环境艺术奖（设计奖）最佳范例奖 |
| 15 | 中国佛学院教育学院 | 2011 年陕西省优秀城市规划设计一等奖<br>2011 年全国优秀城乡规划设计一等奖<br>2013 年陕西省优秀工程设计一等奖<br>2013 年全国优秀工程设计一等奖<br>2019 年中国建筑学会建筑创作大奖 (2009—2019 年) |
| 16 | 延安革命纪念馆 | 2009 年新中国成立 60 周年中国建筑学会建筑创作大奖<br>2009 年新中国成立 60 周年百项经典工程<br>2011 年陕西省优秀工程设计一等奖<br>2011 年全国优秀工程勘察设计行业建筑工程二等奖<br>2019 年中国建筑学会建筑创作大奖 (2009—2019 年) |

| 序号 | 项目 | 所获荣誉 |
|---|---|---|
| 17 | 西安世界园艺博览会<br>天人长安塔 | 2012 年中国建筑学会建筑设计金奖<br>2013 年陕西省优秀工程设计一等奖<br>2013 年陕西省建筑结构专业专项工程设计二等奖<br>2011 年中国建筑学会中国建筑设计奖（建筑结构）银奖<br>2013 年中国建筑学会第八届全国优秀建筑结构设计二等奖<br>2009—2010 年度中国建筑优秀勘察设计（建筑结构专业设计）二等奖<br>2017 年全国优秀工程勘察设计行业建筑工程一等奖<br>2019 年中国建筑学会建筑创作大奖（2009—2019 年） |
| 18 | 唐大明宫丹凤门遗址博物馆 | 2011 年第六届中国建筑学会建筑创作佳作奖<br>2009—2010 年度中国建筑优秀勘察设计（建筑结构）二等奖<br>2019 年中国建筑学会建筑创作大奖（2009—2019 年） |
| 19 | 西安市博物院文物库馆 | 2009 年陕西省第十五次优秀工程设计一等奖<br>2007—2008 年中国建筑优秀勘察设计（建筑工程）一等奖 |
| 20 | 华清宫文化广场 | 2015 年陕西省优秀城市规划设计奖规划类一等奖<br>2015 年全国优秀城乡规划设计奖（城市规划类）三等奖 |
| 21 | 二二工程－西安项目 | 2022 年陕西省优秀工程勘察设计奖（建筑）一等奖 |
| 22 | 中国大运河博物馆 | 2022 年陕西省优秀工程勘察设计奖（建筑）一等奖<br>2023 年第十五届中国钢结构奖金奖 |
| 23 | 杨凌国际会议中心 | 2002 年全国优秀勘察设计银奖 |
| 24 | 金石国际大厦 | 2006 年全国优秀工程勘察设计行业建筑工程三等奖 |
| 25 | 陕西省自然博物馆 | 2009 年度陕西省第十五次优秀工程设计一等奖<br>2007—2008 年中国建筑优秀勘察设计（建筑工程）二等奖 |
| 26 | 宁夏石嘴山市大武口新区行政及文化科技中心 | 2011 年全国优秀工程勘察设计行业建筑工程三等奖<br>2017 年陕西省第十九次优秀工程设计评选三等奖 |
| 27 | 宁夏回族自治区党委办公新区 | 2009 年中国建筑学会建筑创作大奖<br>2009 年陕西省第十五次优秀工程设计评选一等奖 |
| 28 | 西安市行政中心 | 2019 年中国建筑学会建筑创作大奖（2009—2019 年）<br>2011 年第六届中国建筑学会建筑创作佳作奖<br>2014 年中国建筑优秀勘察设计（建筑工程）一等奖 |
| 29 | 西安市市民活动中心及城市规划展览馆 | 2014 年中国建筑优秀勘察设计（建筑工程）二等奖 |
| 30 | 超高温陶瓷基地材料工程化基地 | 2009 年陕西省第十五次优秀工程设计评选一等奖<br>2007—2008 年中国建筑优秀勘察设计（建筑工程）二等奖 |
| 31 | 西北工业大学材料科技大楼 | 2013 年陕西省第十七次优秀工程设计评选二等奖 |
| 32 | 四川大学江安校区艺术学院 | 2009 年中国建筑学会建筑创作大奖（1949—2009 年）<br>中国建筑学会第二届中国威海国际建筑设计大奖赛优秀奖 |

| 序号 | 项目 | 所获荣誉 |
|---|---|---|
| 33 | 川陕革命根据地纪念馆 | 2009 年中国建筑学会建筑创作大奖（1949—2009 年）<br>2011 年陕西省第十六次优秀工程设计评选一等奖<br>2009—2010 年中国建筑优秀勘察设计（建筑工程）一等奖<br>中国建筑学会第三届中国威海国际建筑设计大奖赛优秀奖 |
| 34 | 重庆大学虎溪校区综合楼 | 2011 年全国优秀工程勘察设计行业建筑工程二等奖<br>2011 年陕西省第十六次优秀工程设计评选三等奖<br>2009—2010 年中国建筑优秀勘察设计（建筑工程）二等奖 |
| 35 | 洛阳龙门站综合交通枢纽周边地区城市设计 | 2020 年河南省优秀勘察设计二等奖 |
| 36 | 嵩山少林景区入口服务用房 | 2008 年陕西省第十四次优秀工程设计三等奖 |
| 37 | 陕西省政协和省民主党派机关换建项目 | 2017 年陕西省第十九次优秀工程设计评选三等奖 |
| 38 | 黄帝文化中心 | 2020 年中国建筑学会建筑设计奖（历史环境类）二等奖<br>2020 年陕西省优秀工程设计优秀工程一等奖<br>2020 年中国建筑优秀勘察设计（优秀（公共）建筑设计）一等奖 |
| 39 | 开封市中意商务区开封市博物馆及规划展览馆 | 2019 年行业优秀勘察设计奖评选优秀传统设计二等奖<br>2020 年陕西省优秀工程设计优秀工程一等奖<br>2020 年中国建筑优秀勘察设计（优秀（公共）建筑设计）一等奖 |
| 40 | 南水北调精神文明教育基地 | 2020 年陕西省优秀工程设计优秀工程一等奖<br>2020 年中国建筑优秀勘察设计（优秀（公共）建筑设计）二等奖 |
| 41 | 鄂尔多斯青铜器博物馆及档案馆 | 2020 年陕西省优秀工程设计优秀工程二等奖<br>2020 年陕西省优秀工程勘察设计专项奖（建筑结构）二等奖<br>2020 年中国建筑优秀勘察设计（优秀（公共）建筑设计）二等奖 |
| 42 | 西安绿地中心 A 座 | 2017 年陕西省第十九次优秀工程设计评选一等奖<br>2017 年陕西省优秀工程设计专项奖（建筑结构）一等奖<br>2018 年中国建筑勘察设计奖优秀勘察设计奖二等奖<br>2017—2018 年中国建筑学会建筑设计奖（结构专业）三等奖 |
| 43 | 西安绿地中心 B 座 | 2020 年中国建筑学会建筑设计奖（公共建筑类）三等奖<br>2022 年陕西省优秀工程勘察设计奖（建筑）三等奖 |
| 44 | 鲁甸县龙头山镇抗震纪念馆及地震遗址公园 | 2020 年中国建筑学会建筑设计奖（公共建筑类）三等奖<br>2020 年中国建筑学会建筑设计奖（园林景观类）三等奖<br>2020 年陕西省优秀工程设计优秀工程一等奖<br>2020 年中国建筑优秀勘察设计（优秀（公共）建筑设计）二等奖<br>中国建筑学会第九届威海国际建筑设计大赛佳作奖<br>第十届国际园林景观规划设计大赛杰出设计奖 |
| 45 | 南阳市"三馆一院"项目建设工程 | 2021 年河南省优秀勘察设计奖一等奖<br>2021 年第十四届中国钢结构奖金奖 |

| 序号 | 项目 | 所获荣誉 |
|---|---|---|
| 46 | "巴林左旗上京辽文化产业园"一期工程 (I) 地块博物馆项目 | 2022 年陕西省优秀工程勘察设计奖（建筑）一等奖<br>中国建筑学会第十届威海国际建筑设计大赛佳作奖<br>西部城市与建筑奖 2021 年度文化空间 |
| 47 | 陕西师范大学教育博物馆 | 2022 年陕西省优秀工程勘察设计奖（建筑）二等奖 |
| 48 | 安康汉江大剧院 | 2022 年陕西省优秀工程勘察设计奖（建筑）二等奖<br>2020 年第十四届中国钢结构金奖 |
| 49 | 唐华宾馆改扩建工程项目 | 中国建筑学会 2019—2020 建筑设计奖历史文化保护传承创新三等奖 |
| 50 | 南阳卓筑置业有限公司——河南油田科研基地 | 2022 年陕西省优秀工程勘察设计奖（建筑）三等奖 |
| 51 | 平凉市博物馆 | 2022 年陕西省优秀工程勘察设计奖（建筑）三等奖 |
| 52 | 安康博物馆 | 2022 年陕西省优秀工程勘察设计奖（传统建筑专项） |
| 53 | 开封体育中心项目 | 2023 年第十五届中国钢结构奖金奖 |
| 54 | 锦业公寓 | 2013 年全国优秀勘察设计奖（全国保障性住房优秀设计专项）二等奖 |
| 55 | 丹凤县棣花文化旅游区修建性详细规划 | 2017 年全国优秀城乡规划设计奖（村镇规划）三等奖<br>2017 全国优秀工程勘察设计行业奖之"华筑奖"（村镇建设类）一等奖<br>2015 年陕西省优秀城乡规划设计奖二等奖<br>2015 年全国优秀城乡规划设计奖（城市规划类）三等奖<br>2011 年艾景奖第九届国际园林景观规划设计大赛年度十佳景观设计 |
| 56 | 陕西蒲城槐院里历史文化街区一期风貌及重要节点规划设计 | 2020 年陕西省优秀城乡规划设计二等奖<br>2020 年中国建筑优秀勘察设计奖优秀规划二等奖 |
| 57 | 延安市二道街环境整治规划设计 | 2021 年陕西省优秀城市规划设计奖规划类二等奖<br>2022 年陕西省优秀工程勘察设计奖（城市设计专项） |
| 58 | 延安市高速枣园出入口环境整治规划设计 | 2021 年陕西省优秀城市规划设计奖规划类三等奖 |
| 59 | "一水一坪，印象金城"兰州市金天观－洪恩街街区城市设计 | 2021 年陕西省优秀城市规划设计奖（规划类）三等奖 |
| 60 | 阜阳颍州西湖景区一期建设项目 | 2022 年陕西省优秀工程勘察设计奖（风景园林专项） |